建筑职业技能培训教材

# 通 风 工
## （技　师）

建设部人事教育司组织编写

中国建筑工业出版社

图书在版编目（CIP）数据

通风工（技师）/建设部人事教育司组织编写. —北京：中国建筑工业出版社，2005
（建筑职业技能培训教材）
ISBN 7-112-07653-6

Ⅰ.通… Ⅱ.建… Ⅲ.建筑-通风-技术培训-教材 Ⅳ.TU834

中国版本图书馆 CIP 数据核字（2005）第 105488 号

建筑职业技能培训教材
# 通 风 工
（技　师）
建设部人事教育司组织编写

\*

中国建筑工业出版社出版、发行(北京西郊百万庄)
新 华 书 店 经 销
霸州市振兴制版厂制作
北京建筑工业印刷厂印刷

\*

开本：850×1168 毫米　1/32　印张：9¼　字数：250 千字
2005 年 10 月第一版　2005 年 10 月第一次印刷
印数：1—3,000 册　定价：**18.00** 元
ISBN 7-112-07653-6
（13607）

**版权所有　翻印必究**
如有印装质量问题，可寄本社退换
（邮政编码 100037）

本社网址：http://www.cabp.com.cn
网上书店：http://www.china-building.com.cn

本书根据建设部最新颁布的《职业技能标准、职业技能鉴定规范和职业技能鉴定试题库》，由建设部人事教育司组织编写。本书主要内容包括：建筑制图与识图、通风与空气调节工作基本原理、常用通风材料的基本知识及工具设备、通风空调系统管路设计知识、金属风管及部件展开放样的方法、金属风管及配件部件的制作与安装、通风空调系统的安装、新材料新技术简介、通风空调系统的试运转及调试、通风与空调工程常见质量通病及防治、通风工程施工组织与管理、通风空调定额、工程造价、安全生产知识等。

本书可作为通风工技师培训教材，也可作为相关专业工程技术人员参考书。

\*　\*　\*

责任编辑：吉万旺
责任设计：董建平
责任校对：刘　梅　王雪竹

# 建设职业技能培训教材编审委员会

**顾　　　问**：李秉仁
**主 任 委 员**：张其光
**副主任委员**：陈　付　　翟志刚　　王希强
**委　　　员**：何志方　崔　勇　沈肖励　艾伟杰　李福慎
　　　　　　　杨露江　阚咏梅　徐　进　于周军　徐峰山
　　　　　　　李　波　郭中林　李小燕　赵　研　张晓艳
　　　　　　　王其贵　吕　洁　任予锋　王守明　吕　玲
　　　　　　　周长强　于　权　任俊和　李敦仪　龙　跃
　　　　　　　曾　葵　袁小林　范学清　郭　瑞　杨桂兰
　　　　　　　董海亮　林新红　张　伦　姜　超

# 出 版 说 明

为贯彻落实《中共中央、国务院关于进一步加强人才工作的决定》精神，加快培养建设行业高技能人才，提高我国建筑施工技术水平和工程质量，我司在总结各地职业技能培训与鉴定工作经验的基础上，根据建设部颁发的木工等16个工种技师和6个工种高级技师的《职业技能标准、职业技能鉴定规范和职业技能鉴定试题库》组织编写了这套建筑职业技能培训教材。

本套教材包括《木工》（技师　高级技师）、《砌筑工》（技师　高级技师）、《抹灰工》（技师）、《钢筋工》（技师）、《架子工》（技师）、《防水工》（技师）、《通风工》（技师）、《工程电气设备安装调试工》（技师　高级技师）、《工程安装钳工》（技师）、《电焊工》（技师　高级技师）、《管道工》（技师　高级技师）、《安装起重工》（技师）、《工程机械修理工》（技师　高级技师）、《挖掘机驾驶员》（技师）、《推土铲运机驾驶员》（技师）、《塔式起重机驾驶员》（技师）共16册，并附有相应的培训计划和大纲与之配套。

本套教材的组织编写本着优化整体结构、精选核心内容、体现时代特征的原则，内容和体系力求反映建筑业的技术和发展水平，注重科学性、实用性、人文性，符合相应工种职业技能标准和职业技能鉴定规范的要求，符合现行规范、标准、新工艺和新技术的推广要求，是技术工人钻研业务、提高技能水平的实用读本，是培养建筑业高技能人才的必备教材。

本套教材既可作为建设职业技能岗位培训的教学用书，也可供高、中等职业院校实践教学使用。在使用过程中如有问题和建议，请及时函告我们。

建设部人事教育司  
2005年9月7日

# 前　言

为了适应建筑行业职工培训和劳动力市场职业技能培训和鉴定的需要，提高职工队伍的素质，我们根据建设部印发的建设行业《职业技能标准》、《职业技能岗位鉴定规范》及《通风工技师培训计划与培训大纲》的要求，编写了本培训教材。

本书力求简明扼要，对近年出现的新技术、新材料作了简单介绍，特别是施工管理方面的知识，有利于通风工扩大知识面，加深对技师要求和知识的理解和掌握。

本书第一、五、六、七章由中国建筑第一工程局刘锋编写；第二、三、八、十、十四章由中国建筑第一工程局袁小林编写，第四、九、十一、十二、十三章由中国建筑第一工程局万忠编写。

本书编写过程中参考了一些书籍，在此向有关编著者表示衷心的感谢！

由于编者水平有限，教材中如有疏漏和差错之处，诚请读者提出批评意见。

# 目 录

## 一、建筑制图与识图 …………………………………………………… 1
  （一）投影与视图 ……………………………………………………… 1
  （二）通风施工图 ……………………………………………………… 4
  （三）空调施工图 ……………………………………………………… 8

## 二、通风、空气调节工作基本原理 ……………………………………… 16
  （一）送排风系统 ……………………………………………………… 16
  （二）防排烟系统 ……………………………………………………… 19
  （三）除尘系统 ………………………………………………………… 23
  （四）空调风系统 ……………………………………………………… 30
  （五）洁净空调系统 …………………………………………………… 33
  （六）制冷制热 ………………………………………………………… 39
  （七）空调系统的自动控制 …………………………………………… 43

## 三、常用通风材料的基本知识及工具设备 ……………………………… 49
  （一）常用通风材料 …………………………………………………… 49
  （二）通风常用工具和设备 …………………………………………… 56

## 四、通风空调系统管路设计知识 ………………………………………… 70
  （一）通风系统管路计算 ……………………………………………… 70
  （二）洁净室计算 ……………………………………………………… 81

## 五、金属风管及部件展开放样的方法 …………………………………… 87
  （一）划线工具 ………………………………………………………… 87
  （二）基本作图方法 …………………………………………………… 89
  （三）画展开图的基本方法 …………………………………………… 96
  （四）平行线展开法 …………………………………………………… 102
  （五）放射线展开法 …………………………………………………… 110

7

（六）三角形展开法 …………………………………… 112
　　（七）放样下料计算方法简介 …………………………… 118
　　（八）计算机辅助放样下料 ……………………………… 122
六、金属风管及配件、部件的制作与安装 ………………… 126
　　（一）风管制作 …………………………………………… 126
　　（二）法兰制作 …………………………………………… 138
　　（三）风管配件的制作 …………………………………… 143
　　（四）风管部件的制作 …………………………………… 153
七、通风空调系统与设备的安装 …………………………… 163
　　（一）通风空调系统的安装 ……………………………… 163
　　（二）通风空调设备的安装 ……………………………… 176
八、新材料新技术简介 ……………………………………… 192
　　（一）复合酚醛泡沫板 …………………………………… 192
　　（二）聚氨酯（BBS）复合保温风管板材 ……………… 194
　　（三）复合玻纤风管 ……………………………………… 196
　　（四）超级风管系统 ……………………………………… 198
　　（五）无机玻璃钢风管 …………………………………… 201
　　（六）变风量空调系统 …………………………………… 203
九、通风空调系统的试运转及调试 ………………………… 205
　　（一）试运转及调试的准备 ……………………………… 205
　　（二）设备单机试车 ……………………………………… 207
　　（三）常用测试仪表 ……………………………………… 209
　　（四）通风空调系统的测定与调整 ……………………… 217
十、通风与空调工程常见质量通病及防治 ………………… 226
　　（一）矩形薄钢板风管扭曲、翘角、强度不够 ………… 226
　　（二）薄钢板弯头角度不正确 …………………………… 227
　　（三）薄钢板圆形三通角度不对，咬口不严密 ………… 228
　　（四）法兰的通用性差 …………………………………… 229
　　（五）法兰铆接偏心与风管连接不严密 ………………… 230
　　（六）风管检查口（检视口）不密封 …………………… 231

（七）风管穿越屋面无防雨（雪）和固定措施 ………… 231
（八）风管密封垫片不符合要求 …………………………… 232
（九）无法兰风管连接不严密 ……………………………… 233
（十）玻璃钢风管安装不标准、壁厚不均，并出现气泡和分层 …………………………………………………… 234
（十一）调节阀、防火阀动作不灵活 …………………… 235
（十二）风口调整不灵活 …………………………………… 236
（十三）送风口和柔性短管安装不正确 ………………… 237
（十四）风机减振装置受力不平衡 ……………………… 238
（十五）消声器性能差 ……………………………………… 238

十一、通风工程施工组织与管理 …………………………………… 240
（一）通风工程施工方案的编制 ………………………… 240
（二）通风工程流水施工的基本原理 …………………… 241
（三）通风、空调工程的施工技术 ……………………… 243
（四）通风工程组织施工的基本方法 …………………… 248

十二、通风空调定额 …………………………………………………… 251
（一）定额概述 ……………………………………………… 251
（二）施工定额 ……………………………………………… 253
（三）企业定额 ……………………………………………… 256
（四）预算定额 ……………………………………………… 258
（五）通风工程工程量的计算 …………………………… 260

十三、工程造价 ………………………………………………………… 265
（一）工程合同的种类及基本内容 ……………………… 265
（二）工程成本控制和造价管理 ………………………… 266

十四、安全生产知识 …………………………………………………… 272
（一）脚手架的搭拆知识 ………………………………… 272
（二）起重吊装知识 ………………………………………… 274
（三）安全用电知识 ………………………………………… 276
（四）通风工安全常识 ……………………………………… 279

# 一、建筑制图与识图

## (一) 投影与视图

**1. 正投影**

与机械图和建筑图一样,通风工程图也是用正投影方法画出来的。把一个平板放在灯光下向地面进行投影,平板的投影则比实物大。假设光源无限远(例如在直射的阳光下),投影线则相互平行,这种利用平行投影线进行投影的方法,称为平行投影法。在平行投影中,投影线垂直于投影面,物体在投影面上所得到的投影称为正投影。正投影也就是人们口头说的"正面对着物体去看"的投影方法。

点、直线和平面的正投影:

(1) 点的正投影 假设在点 $A$ 的下面有一个投影面,从点 $A$ 上方对其

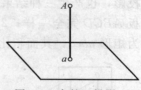

图 1-1 点的正投影

进行投影,在投影面上得到的投影点 $a$,如图 1-1 所示。由此可知,无论从哪一个方向对一个点进行投影,所得到的投影仍然是一个点。

(2) 直线的正投影 如图 1-2 所示,将直棒 $AB$ 分别按平行于投影面、垂直于投影面和倾斜于投影面三种方式放置,其投影分别有三种情况:1)投影线 $ab$ 与 $AB$ 一样长;2)投影是一个小圆点;3)投影线段 $ab$ 比 $AB$ 短。

由此可知:

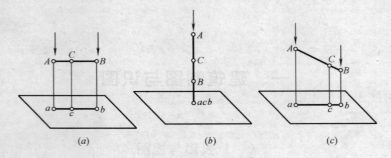

图 1-2 直线的正投影

直线平行于投影面时,其投影仍为直线,且与实长相等;
直线垂直于投影面时,其投影为一个点;
直线倾斜于投影面时,其投影仍为直线,其长度缩短。

(3) 平面的正投影  工程上常用的是三面投影图,称为视图。

如图 1-3 所示,将一个正方形平板 ABCD 分别按平行于投影面、垂直于投影面和倾斜于投影面放置,其投影类似于直线的投影,也产生三种结果:1) 投影 abcd 仍为正方形,其大小与平板 ABCD 完全一样;2) 投影成为 da-cb 一条直线;3) 投影成为矩形 abcd,其面积比平板 ABCD 缩小了。

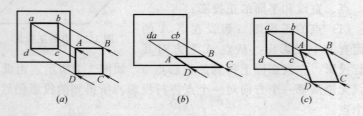

图 1-3 平面的正投影

由此可知:
平面平行于投影面时,其投影反映平面的真实形状和大小;
平面垂直于投影面时,其投影是一条直线;
平面倾斜于投影面时,其投影是缩小了的平面。

**2. 视图**

物体在投影面上的投影应用于工程图上称为视图或投影图。

如图 1-4 所示,取一个三角形斜垫块,放在三个投影面中进行投影,按照前面所讲的规律,即可得到三个不同的视图。

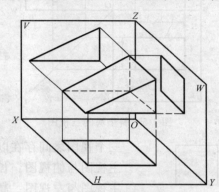

图 1-4　三角形斜垫块三面投影

正立面 $V$ 上的投影是一个直角三角形,它反映了斜垫块前后立面的实际形状,即长和高。

水平面 $H$ 上的投影是一个矩形。由于垫块的顶面倾斜于水平面,故水平面上的矩形反映的是缩小了的顶面的实形,即长和宽,同时也是底面的实形。

侧立面 $W$ 上的投影也是一个矩形,它同时反映了缩小的斜面实形和垫块侧立面的实形,即高和宽。

在正立面上的投影称为主视图,通风工程图中称为立面图;在水平面上的投影称为俯视图,通风工程图中称为平面图;在侧立面上的投影称为左视图(有时还需要右视图),通风工程图中称为侧面图,如图 1-5 所示。

在实际工作中,三个投影面的边框不必画出来,如图 1-6 所示就可以了。三个视图中,每个视图都可以反映视图两个方面的尺寸。

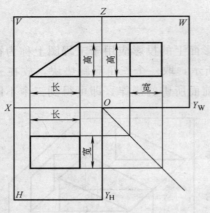

图 1-5 斜垫块的三视图

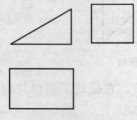

图 1-6 斜垫块的三视图的位置关系

三个视图之间存在以下投影关系:
主视图与俯视图:长对正;
主视图与左视图:高平齐;
俯视图与左视图:宽相等。

总之,三面视图上具有:长对正(等长),高平齐(等高),宽相等(等宽)的三等关系,这是绘制和识读工程图的基本规律。

## (二) 通风施工图

所谓通风,就是把室外新鲜空气经过适当的处理后送进室内,把室内的废气排至室外,从而保持室内空气的新鲜及洁净度。

通风系统一般由进风百叶窗、空气过滤器(加热器)、通风机(离心式、轴流式、贯流式)、风道以及送风口等组成(图1-7)。

排风系统一般由排风口(排风罩)、风道、风机、风帽等组

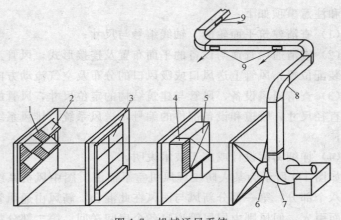

图 1-7 机械通风系统

1—百叶窗；2—保温阀；3—过滤器；4—旁通阀；5—加热器；
6—启动阀；7—通风机；8—风道；9—送风口

通风施工图由基本图、详图及文字技术说明等组成。基本图包括通风平面图、剖面图和通风系统图；详图包括构件、配件的安装或制作加工图。当详图采用标准详图或其他工程的图纸时，在图纸的目录中应附有说明。文字技术说明包括：设计所采用的气象资料、工艺标准等基本数据，通风系统的划分方式，通风系统的保温、油漆等统一做法和要求以及风机、水泵、过滤器等设备的统计表等。

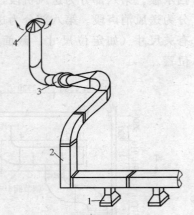

图 1-8 机械排风系统

1—排风罩；2—风道；
3—通风机；4—风帽

### 1. 平面图的识读

通风平面图表明通风管道系统等的平面布置，识图时掌握的内容和注意事项如下：

(1) 查清建筑平面轮廓、轴线编号与尺寸；

(2) 查清通风管道与设备的平面布置及连接形式，风管上构件的装配位置，风管上送风口或吸风口的分布及空气流动方向；

(3) 查清通风设备、风管与建筑结构的定位尺寸，风管的断面或直径尺寸，管道和设备部件的编号，送风系统、排风系统的编号；

(4) 详细阅读设计或施工技术说明。

如图1-9所示为某人防工程风机室平面图。图中风机系统被分为八个部分：第一部分新风与回风在此混合，新风由通风管道自地面引入，回风则由回风管道自各个房间送回。第二部分粗效过滤段，对混合后的风进行粗效过滤。第三部分是回风消声段，对回风进行消声处理。第四部分为回风机。第五部分为表冷器及挡水板。第六部分为送风机段，对处理后的风进行加压。第七部分为送风消声段。第八部分为送风段。平面图上还反映了风道的有关尺寸（如定位尺寸、截面尺寸等），反映出剖面图的确切位置。

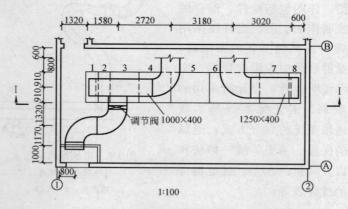

图1-9 某风机室平面图

1—新回风混合段；2—粗效过滤段；3—回风消声段；4—回风机段；5—表冷器及挡水板段；6—送风机段；7—送风消声段；8—送风段

## 2. 剖面图的识读

通风剖面图的内容：通风剖面图表明通风管道、通风设备及部件在竖直方向的连接情况，管道设备与土建结构的相互位置及高度方向的尺寸关系等。

如图 1-10 所示为风机室剖面图。从图中可以看出八个部分的分割情况和进风管、送风管的高度位置。与第一段相接的是进风管（规格 1000mm×400mm），与第八部分相连的是送风管（规格 1250mm×400mm）。在风管与机组连接处各设一个调节阀，调节进、送风的风量。

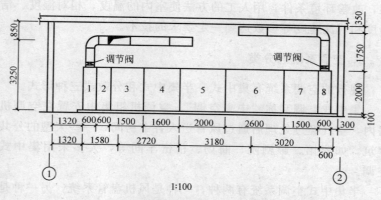

图 1-10 某风机室 Ⅰ—Ⅰ 剖面图
1—新回风混合段；2—粗效过滤段；3—回风消声段；4—回风机段；5—表冷器及挡水板段；6—送风机段；7—送风消声段；8—送风段

## 3. 通风系统图的识读

通风系统图是把通风系统的全部管道、设备和部件用投影的方法绘制的轴测图，以表明通风管道、设备和部件在空间的连接及纵横交错、高低变化等情况。图中应注有通风系统的编号、设备部件的编号、风管的截面尺寸、设备名称及规格型号、风管的高及设备材料明细表等。

#### 4. 通风详图的识读

通风详图由平面图、立面图、详图和技术说明组成。通风详图一般有调节阀、检查门等构件的加工详图；风机减振基础、进风室的构造、加热器的位置、过滤器等设备的安装详图。各种详图常有标准图可选用。

### （三）空调施工图

空气调节，简称空调，是指为了满足人们的生活、生产需要，改善环境条件，用人工的方法使室内的温度、相对湿度、洁净度和气流速度等参数达到一定要求的技术。

#### 1. 空调系统的分类

现行的空调系统有集中式、半集中式和分散式三种形式。

集中式空调又称"中央空调"。空调机组集中安置在空调机房内，空气经过处理后通过风管送入各个房间，一些大型的公共建筑，如宾馆、影剧院、商场、精密车间等，大多采用集中式空调。

半集中式空调系统有两种，一种是风机盘管系统，另一种是诱导器系统。大部分空气处理设备在空调机房内，少量设备在空调房间内，既有集中处理，又有局部处理。局部空调机组有窗式空调机、壁挂式空调机、立柜式空调机及恒温恒湿机组等。它们都是一些小型的空调设备，适用于小的空调环境。安装方便，使用简单，适用于空调房间比较分散的场合。

#### 2. 空调施工图的特点

空调施工图与其他工程图总体接近。空调机房施工图类似于锅炉房施工图；送、回风管道施工图与通风管道基本一致；冷、热水管道施工图与给水施工图差别不大。在识读时可参照上述图纸，但不能生搬硬套，做到仔细、认真，不放过一个细节。

**3. 空调施工图的识读**

下面介绍某会议厅空调施工图的识读。

（1）平面图的识读  如图1-11所示为某会议厅空调平面图。可以看出，空调箱1等布置在机房内（在图的左侧），通风管道从空调箱1起向后分四条支路延伸到会议厅右端，通过散流器4向会议厅送经过处理的风。整体布置均匀、大方。空调机房南墙设有新风口2，尺寸为1000mm×1000mm，通过变径接头与空调箱1连接，连接处尺寸为600mm×600mm，空调系统由此新风口2从室外吸入新鲜空气以改善室内的空气质量。在空调机房右墙前侧设有回风口，通过变径接头与空调箱连接，连接处尺寸为600mm×600mm，新风与回风在空调箱1混合段混合，经冷、热、净化等处理后，由空调箱顶部的出风口送至送风干管。图中空调箱1、送风干管的布置位置见图示的有关尺寸，空调箱1距前墙200mm，距左右墙各880mm，空调箱1的平面尺寸为4400mm×2000mm，其他尺寸读法相同。送风干管从空调箱1起向后，分出第一个分支管，第一个分支管向右通过三通向前另分出一个分支管，前面的分支管向前后，向右。送风干管再向后又分出第二个送风分支管。四路分支管一直通向右侧。在四路分支管上布置有尺寸为240mm×240mm的散流器4。管道尺寸从起始端到末端逐渐缩小。有关尺寸如图1-11所示。

（2）剖面图的识读  如图1-12所示为某会议厅空调剖面图。从Ⅰ—Ⅰ剖面图上可以看出，空调箱的高度为1800mm，送风干管从空调箱上部接出，送风干管大小分别为1250mm×500mm，800mm×500mm，800mm×250mm，高度分别为4000mm、4250mm。三路分支管从送风干管接出，前一路接口尺寸为800mm×500mm、后两路接口尺寸为800mm×250mm。从该剖面图上可以看出三个送风管在这根风管上的接口的位置，图上用▬标出。在图上标有新风口、回风口接口的高度及其他相关尺

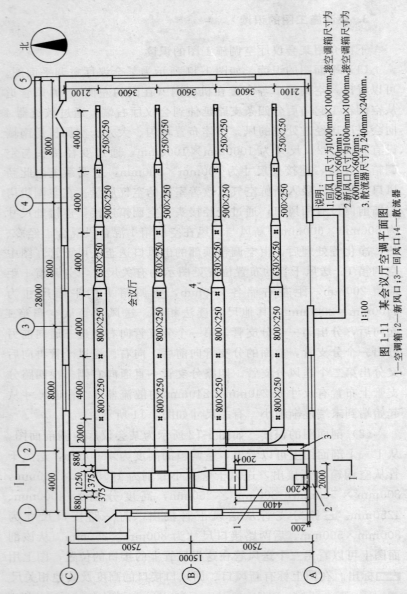

图 1-11 某会议厅空调平面图
1—空调箱；2—新风口；3—回风口；4—散流器

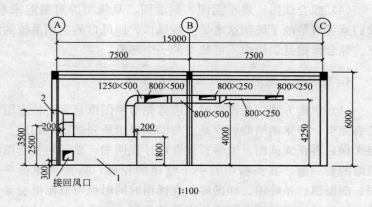

图 1-12 某会议厅空调 Ⅰ—Ⅰ 剖面图
1—空调箱；2—新风口

寸等。

（3）系统图的识读　如图 1-13 所示为某会议厅空调系统图。系统图清晰地表示出该空调系统的构成、管道走向及设备的布置情况，如标高分别为 4.000m、4.250m，各段管道宽乘以高分别为 1250mm×500mm，800mm×500mm，800mm×250mm，630mm×250mm，500mm×250mm，250mm×250mm 等。

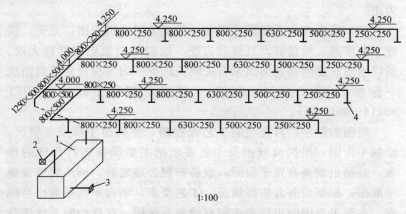

图 1-13 某会议厅空调系统图
1—空调箱；2—新风口；3—回风口；4—散流器

(4) 综合读图  将平面图、剖面图、系统图等对照起来看，我们就可清楚地了解到这个带有新风口、回风口的空调系统的情况。综合读图是识图中不可缺少的一个环节。

**4. 空调施工图的识读方法与绘制步骤**

(1) 识读方法  在读图时，应首先对照图纸目录，检查图纸是否完整。每张图纸的名称是否与图纸目录所列的图名相同，确定无误后再正式读图。通常首先看设计说明书，然后对整套图纸粗略的看一遍，在头脑中有一个整体的轮廓，再按顺序读平面图、剖面图、系统图、详图等。在读图时同时也可对图纸交叉识读。如读平面图时可参照系统图及其他图，形成正确的结论。在读到不懂的地方时可先放下，按顺序，读下一张图，整套图纸读完后不懂的地方再重新整理，直到弄懂为止。回过头来从头读起细化内容，这时会变得容易，不懂的地方可顺利解决。如再有不清楚的地方可查阅有关资料，千万不能马马虎虎，似懂非懂，一定要仔细认真，不放过一个线条，一个符号。但有些工程图由于种种原因会出现一些错误，在读图时一定把它找出来，做好记录。不能轻易下结论，要反复查阅资料，或请教同行，直到确认为止。

(2) 绘图方法、步骤  现在一般多采用微机绘图，方便、快捷、精度高、质量好，且修改方便。绘制的图纸更应准确无误。所以绘图时要随时查阅国家有关制图标准（如《房屋建筑制图统一标准》GB/T 50001—2001、《暖通空调制图标准》GB/T 50114—2001 等）。

绘图的顺序：首先绘制工艺流程图，并列出主要设备情况；绘制平面图，根据流程图及工艺要求把主要设备进行合理的排布，并画出设备布置平面图，设备布置合理之后，画出管道设备平面图；根据设备及实际情况、工艺要求，结合平面图画出系统图，在画平面图时也可考虑如何绘制系统图，这样绘制系统图就会胸有成竹，少走弯路，更快捷；绘制必要的详图。

## 5. 常用图例

根据《暖通空调制图标准》(GB/T 50114—2001) 的规定,通风工程图常用图例符号见表 1-1～表 1-3。

风道代号　　　　　　　　　　　　　　　表 1-1

| 代号 | 风道名称 | 代号 | 风道名称 |
|---|---|---|---|
| K | 空调风管 | H | 回风管(一、二次回风可附加1、2区别) |
| S | 送风管 | P | 排风管 |
| X | 新风管 | PY | 排烟管或排风、排烟共用管 |

风道、阀门及附件图例　　　　　　　　　表 1-2

| 序号 | 名　称 | 图　例 | 附　注 |
|---|---|---|---|
| 1 | 砌筑风、烟道 | 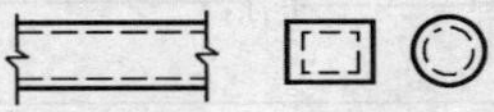  | 其余均为: 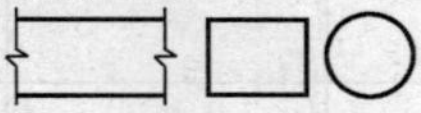 |
| 2 | 带导流片弯头 |   |  |
| 3 | 消声器、消声弯管 | 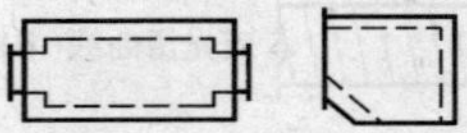  | 也可表示为: 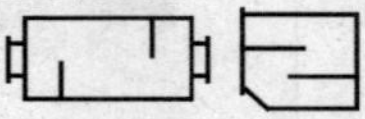 |
| 4 | 插板阀 | 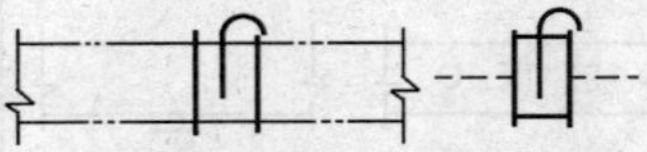  |  |
| 5 | 天圆地方 | 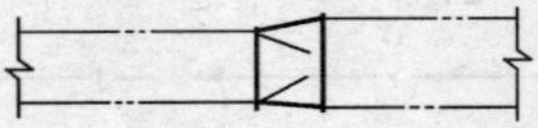  | 左接矩形风管,右接圆形风管 |
| 6 | 蝶阀 | 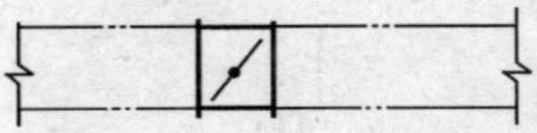  |  |
| 7 | 对开多叶调节阀 | 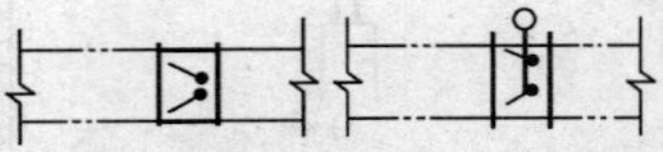  | 左为手动,右为电动 |

续表

| 序号 | 名称 | 图例 | 附注 |
|---|---|---|---|
| 8 | 风管止回阀 | | |
| 9 | 三通调节阀 | | |
| 10 | 防火阀 | 70℃ | 表示70℃动作的常开阀。若因图面小,可表示为: 70℃,常开 |
| 11 | 排烟阀 | 280℃   280℃ | 左为280℃动作的常闭阀,右为常开阀。若因图面小,表示方法同上 |
| 12 | 软接头 | ~ | 也可表示为: |
| 13 | 软管 | 或光滑曲线(中粗) | |
| 14 | 风口(通用) | 或 | |
| 15 | 气流方向 | | 左为通用表示法,中表示送风,右表示回风 |
| 16 | 百叶窗 | | |

续表

| 序号 | 名　称 | 图　例 | 附　注 |
|---|---|---|---|
| 17 | 散流器 | 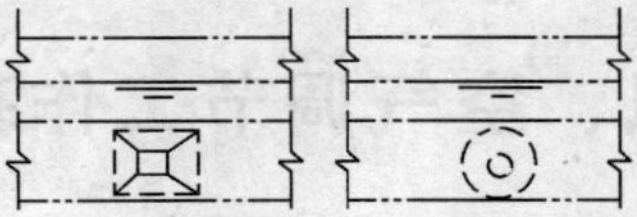  | 左为矩形散流器，右为圆形散流器。散流器为可见时，虚线改为实线 |
| 18 | 检查孔测量孔 | 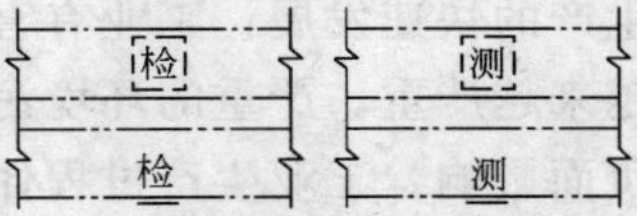  |  |

暖通空调设备图例　　　　　表 1-3

| 序号 | 名　称 | 图　例 | 附　注 |
|---|---|---|---|
| 1 | 散热器及手动放气阀 | 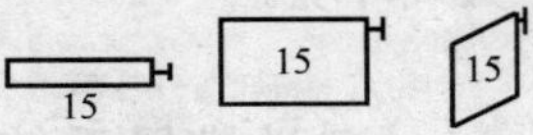  | 左为平面图画法，中为剖面图画法，右为系统图、Y 轴侧图画法 |
| 2 | 散热器及控制阀 | 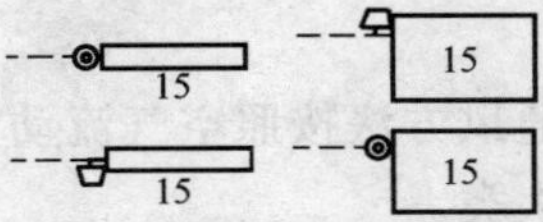  | 左为平面图画法，右为剖面图画法 |
| 3 | 轴流风机 | 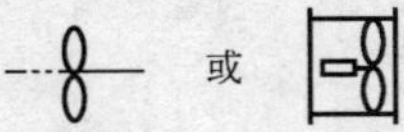  |  |
| 4 | 离心风机 |  | 左为左式风机，右为右式风机 |
| 5 | 水泵 |   | 左侧为进水，右侧为出水 |
| 6 | 空气加热、冷却器 |   | 左、中分别为单加热、单冷却，右为双功能换热装置 |
| 7 | 板式换热器 | 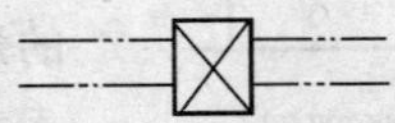  |  |

# 二、通风、空气调节工作基本原理

随着我国工业生产的快速发展，工业有害物的散发量日益增加，环境污染问题越来越严重。严重的环境污染和生态破坏给经济社会发展带来了负面影响。工业生产过程伴随着数以亿计的有害物排放，这些有害物如果不进行处理，会严重污染室内外空气环境，对人民身体健康造成极大危害。因此通风工程的主要任务是控制生产过程中产生的粉尘、有害气体、高温、高湿，创造良好的生产环境和保护大气环境。

## （一）送排风系统

防治有害物的通风方法按照空气流动力的不同，可分为自然通风和机械通风两大类。

### 1. 自然通风

自然通风原理如图 2-1 所示。自然通风是依靠室内外温差所造成的热压，或者室外风力的作用在建筑物上形成的压差，使室内外的空气进行交换，从而改善室内空气环境。因自然通风不需要专设动力装置，对于产生大量余热的车间是一种经济而有效的通风方法。其缺点是，进入室内的空气无法预先进行

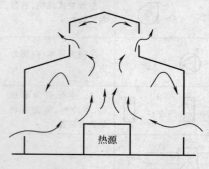

图 2-1 自然通风原理图

处理；排出室外的有害粉尘或有毒气体无法进行净化处理，严重者会污染周围环境。

**2. 机械通风**

利用通风机所产生的动力而使空气流动的方法叫机械通风。由于风机的风量和压力可根据需要来选择，因此这种方法能确保通风量，并可控制空气流动的方向和气流速度，也可以按所要求的空气参数，对进风和排风进行处理。机械通风方法按通风系统作用范围，可分为局部通风和全面通风。局部通风又可以细分为局部排风和局部送风。

（1）局部排风　局部排风是在集中产生有害物的局部地点，设置有害物捕集装置，将有害物就地排走，以控制有害物向室内扩散。局部排风装置对防毒、排尘是最为有效的通风方法。它可以用最小的风量，获得最好的通风效果。局部排风系统可以是机械的或自然的。局部排风系统的组成如图 2-2 所示。

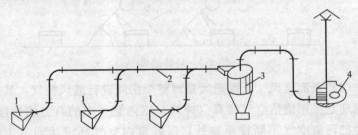

图 2-2　局部排风原理图
1—局部排气罩；2—风管；3—净化装置；4—排风机

（2）局部送风　向局部工作地点送风，创造局部位置良好的空气环境。这种送风方式称为局部送风，也称岗位吹风。例如有些高温车间，即便设计自然通风对整个车间进行降温，但还防止不了工人操作地点受高温热辐射的作用，这种场合可采取局部送风措施。

局部送风方式可分为系统式和单体式两种。系统式就是利用通风机和风管,直接将室外新鲜空气或者经过处理后具有一定参数的空气送到工作地点。单体式局部送风,一般借助轴流风扇或喷雾风扇,直接将室风空气(再循环)以射流送风方式吹向作业地带。利用增加作业地带气流速度的作用,或者同时利用喷雾水滴的蒸发吸热作用来加速人体的散热。但是对散发粉尘或有害气体的车间内不宜采用,因为高速气流会使有害物扩散到整个空间。对于操作人员少、面积大的车间,用全面通风改善整个车间的空气环境既困难又不经济,而且也无此必要。此时,采用局部送风,比较合理且经济。炼钢、铸造等高温车间经常采用这种通风方法。某车间局部送风系统如图 2-3 所示。

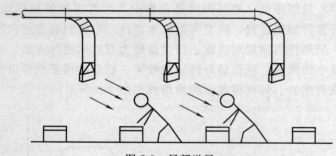

图 2-3　局部送风

(3) 全面通风　全面通风是对整个房间进行通风换气,其基本原理是:用清洁空气稀释(冲淡)室内空气中的有害物浓度,同时把污染空气不断排至室外,保证室内空气环境达到卫生标准。全面通风又叫稀释通风。全面通风(包括全面送风和全面排风)可以利用自然通风方法,也可以用机械方法。

上述各种通风方法在解决实际通风问题时,应该依据具体情况来选择。有时需要几种方法联合使用才能获得良好的效果。

(4) 事故通风　由于操作事故或设备故障突然发生大量有害气体或燃烧、爆炸性气体时,需要尽快把有害气体排到室外,这种通风称为事故通风。事故通风装置只在发生事故时开启使用,进行强制排风。

## （二）防排烟系统

**1. 建筑火灾烟气的特性及烟气控制的必要性**

火灾是一种多发性灾难，它导致巨大的经济损失和人员伤亡。建筑物一旦发生火灾，就有大量的烟气产生，这是造成人员伤亡的主要原因。

（1）建筑火灾烟气的特性：烟气的毒害性、烟气的高温危害性和烟气的遮光作用。

（2）建筑火灾烟气控制的必要性：建筑火灾烟气是造成人员伤亡的主要原因。因为烟气中的有害成分或缺氧使人直接中毒或窒息死亡；烟气的遮光作用又使人逃生困难而被困于火灾区。烟气不仅造成人员伤亡，也给消防队员扑救带来困难。因此，火灾发生时应及时对烟气进行控制，并在建筑物内创造无烟的水平和垂直的疏散通道或安全区，以保证建筑物内人员安全疏散或临时避难，使消防人员能及时到达火灾区扑救。

**2. 火灾烟气控制目的和方法**

烟气控制的目的是在建筑物内创造无烟或烟气含量极低的疏散通道或安全区。烟气控制的实质是控制烟气合理流动，也就是使烟气不流向疏散通道、安全区和非着火区，而向室外流动。控制方法有：隔断或阻挡；疏导排烟；加压防烟。下面简单介绍这三种方法。

（1）隔断或阻挡　墙、楼板、门等都具有隔断烟气传播的作用。为了防止火势蔓延和烟气传播，规定了建筑中必须划分防火分区和防烟分区。防火分区是指用防火墙、楼板、防火门或防火卷帘等分隔的区域，可以在一定时间内将火灾限制在局部区域，不使火势蔓延。防烟分区是指在设置排烟措施的过道、房间中，用隔墙或其他措施（可以阻挡和限制烟气的流动）分隔的区域。

防烟分区分隔的方法除隔墙外，还有顶棚下凸不小于500mm的梁、挡烟垂壁和吹吸式空气幕。图2-4所示为用梁或挡烟垂壁阻挡烟气流动。挡烟垂壁可以是固定的，也可以是活动的。固定的挡烟垂壁比较简单，但影响房间高度；活动的挡烟垂壁在火灾发生时可自动落下，通常与烟感器联动。

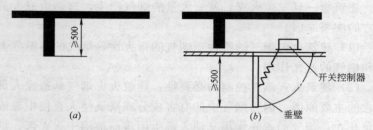

图 2-4 用梁或挡烟垂壁阻挡烟气流动

吹吸式空气幕是一种柔性隔断，它既能有效的阻挡烟气的流动，而又允许人员自由通过。吹吸式空气幕的隔断效果最好，但这种隔断方式比墙、垂壁等复杂，且费用高，国内现有的建筑很少应用。

(2) 排烟　利用自然或机械作用力，将烟气排到室外，称为排烟。利用自然作用力的排烟称为自然排烟；利用机械（风力）作用力的排烟叫机械排烟。排烟的部位有两类：着火区和疏散通道。着火区排烟的目的是将火灾发生的烟气（包括空气受热膨胀的气体）排到室外，降低着火区的压力，不使烟气流向非着火区，以利于着火区的人员疏散及救火人员的扑救。疏散通道的排烟是为了排除可能侵入的烟气，以保证疏散通道无烟或少烟，以利于人员安全疏散及救火人员通行。

(3) 加压送风防烟　加压送风防烟是用风机把一定量的室外空气送入一房间或通道内，使室内保持一定正压力或门洞处有一定流速，以避免烟气侵入。加压防烟是一种有效的防烟措施，目前主要用于高层建筑的垂直疏散通道和避难层（间）。高层建筑火灾发生时，电源都被切断，除消防电梯外，电梯停运，因此，垂直疏散通道主要指防烟楼梯间和消防电梯，以及与之相连的前室和合用前室。所谓前室是指与楼梯间或电梯入口相连的小室；合用前室指既是楼梯间又是电梯间的前室。上述这些通道只要不具备自然排烟，或即使具备自然排烟条件，但它们在建筑高度高或重要的建筑中，就必须采用加压送风防烟。

图 2-5 所示为加压防烟的两种情况，其中图 ($a$) 是当门关闭时，房间内保持一定正压值，空气从门缝或其他缝隙流出，防止了烟气的侵入；图 ($b$) 是当门开启的时候，送入加压区的空气以一定风速从门洞流出，阻止烟气流入。当流速较低时，烟气可能从上部流入室内。

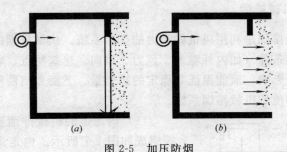

图 2-5 加压防烟

### 3. 自然排烟

自然排烟是利用热烟气产生的浮力、热压或其他自然作用力使烟气排出室外。自然排烟有两种方式：1）利用外窗或专设的排烟口排烟；2）利用竖井排烟。图 2-6 所示是自然排烟的几种方式。其中图 ($a$) 利用可开启的外窗进行排烟，如果外窗不能开启或无外窗，可以设排烟口进行自然排烟，如图 ($b$) 所示。图 ($c$) 是利用专设的竖井，各层房间设排烟风口与之相连接，当某层起火有烟时，排烟风口自动或人工打开，热烟气即可通过竖井排到室外。这种排烟方式实质上是利用烟囱效应的原理。

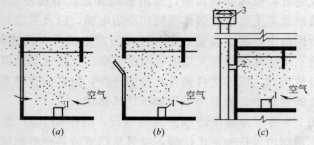

图 2-6 自然排烟
(a) 利用可开启外窗排烟；(b) 利用专设排烟口排烟；(c) 利用竖井排烟
1—火源；2—排烟风口；3—避风风帽

### 4. 机械排烟

机械排烟是利用风机做动力的排烟系统。机械排烟的优点是不受外界条件（如内外温差、风力、风向、建筑特点、着火区位置等）的影响，而能保证有稳定的排烟量。下面介绍两种高层建筑常见部位的机械排烟系统。

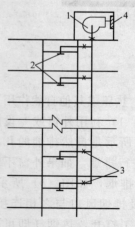

图 2-7 内走道机械排烟系统
1—风机；2—排烟风口；3—排烟防火阀；4—金属百叶风口

（1）内走道的机械排烟系统　系统组成如图 2-7 所示。内走道每层的位置相同，采用垂直布置的系统，当任何一层着火后，烟气将从排烟风口吸入，经管道、风机、百叶风口排到室外。系统中的排烟风口可以是一常开型风口，如铝合金百叶风口，但在每层的支风管上都应装有排烟防火阀，它是一种常闭型阀门，由控制中心通 24V 直流电开启，在 280℃ 时自动关闭，复位必须手动。它的作用是，当烟气温度达到 280℃ 时，人已基本疏散完毕，排烟已无实际意义，而烟气此时已带火，阀门自动关闭，以避免火势蔓延。系统的排烟风口也可以用常闭型的防火排烟口,而取消支管上的排烟防火阀。火灾时,该风口由控制中心通24V直流电开启或手动开启;当烟气温度达到280℃时自动关门,复位也必须手动。排烟风机房入口也应装排烟防火阀,以防火势蔓延到风机房所在层。

(2) 多个房间（或防火分区）的机械排烟系统　地下室或自然排烟的地面房间设置机械排烟时,每层宜采用水平连接的管路系统,然后用竖风道将若干层的子系统合为一个系统。

图 2-8 中排烟防火阀的作用同内走道机械排烟系统,但排烟风口是一常闭型的风口,火灾时由控制中心通24V直流电开启或手动开启,

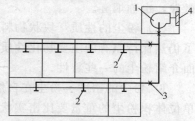

图 2-8　多个房间的机械排烟系统
1—风机；2—排烟风口；3—排烟防火阀；4—金属百叶风口

但复位必须手动。排烟风口布置原则是,其作用距离不得超过30m。当每层房间很多,水平排烟风管布置困难时,可以分设几个系统。每层的水平风管不得跨越防火分区。

### （三）除尘系统

在工业生产过程中经常散发各种粉尘,它不但破坏车间空气环境,危害工人身体健康和损坏机器设备,还会污染大气造成公害。为了控制工业粉尘的产生和散发,改善车间空气环境和防止大气污染,必须了解工业粉尘的来源及其危害,采取防治粉尘的各种措施。

粉尘是指悬浮于空气中的固体微粒。

**1. 粉尘的来源、性质及其危害**

(1) 粉尘的来源

1) 固体物质的机械粉碎、研磨等过程中散发的粉尘。

2) 粉末状微粒物料的混合、过筛、运输及包装过程中散发的粉尘。

3) 物质的不完全燃烧或爆炸,如锅炉烟气中夹杂的大量烟尘。

4) 物质加热时产生的蒸汽在空气中凝结或氧化形成的固体微粒,也称烟雾。

(2) 粉尘的性质　块状物料被破碎成细小的粉状微粒后,除了仍然保持原有的主要物化性质外,还会出现许多新的特性。下面介绍粉尘的一些特性。

1) 粉尘的密度　粉尘在自然堆积状态下,往往是不密实的,单位体积粉尘的重量要比密实状态下小得多。自然堆积状态下单位体积粉尘的重量称为粉尘的堆积密度或容积密度,它与粉尘的贮运设备和除尘器灰斗容积的选择有密切关系。密实状态下单位体积粉尘的重量称为粉尘的真密度,它对惯性类除尘器的工作和效率具有较大的影响。

2) 粉尘的形状和比表面积　不同外形的粉尘对设备的磨损程度不一样,不规则和具有尖锐边缘的粉尘对设备的磨损程度比球状粉尘大。同一种粉尘,小颗粒要比大颗粒对设备的磨损程度更为严重,因为它具有更大的接触面积。

粉尘的比表面积就是单位重量粉尘的表面积,它与粉尘的粒径成反比,可以用来作为衡量粉尘粗细程度的标志。

3) 粉尘的黏附性　粉尘相互间的凝聚与粉尘在器壁上的粘结,与粉尘的黏附性有关。前者会使尘粒逐渐增大,有利于提高除尘效率;后者会使除尘设备或管道发生故障和堵塞。

4) 粉尘的爆炸性　悬浮于空气中的某些可燃粉尘,在一定的浓度和温度(或火焰、火花、放电、碰撞、摩擦等作用)下,会发生爆炸。

在空气中的浓度小于或等于 $65g/m^3$ 能引起爆炸的粉尘称为具有爆炸危险的粉尘。各种不同种类的具有爆炸危险的粉尘都在一定的浓度范围才能发生爆炸,这个爆炸范围的最低浓度叫作爆炸下限,最高浓度叫作爆炸上限。

5) 粉尘的带电性　悬浮在空气中的粉尘,由于互相摩擦、碰撞或吸附,会带有一定的电荷,带电量的大小与粉尘的表面积和含湿量有关。在同一温度下,表面积大、含湿量小的粉尘带电量大;表面积小、含湿量大的粉尘带电量小。电除尘器就是利用粉尘能带电的特性进行工作的。

6) 粉尘与水的关系　有的粉尘容易被水湿润,与水接触后会发生凝聚、增重,有利于粉尘从气流中分离,这种粉尘称为亲水性粉尘。有的粉尘(如石墨、炭黑)很难被水湿润,这种粉尘称为疏水性粉尘。用湿法除尘处理疏水性粉尘,除尘效率不高。有的粉尘(如水泥、石灰)与水接触后会发生粘结和变硬,这种粉尘称为水硬性粉尘。水硬性粉尘不宜采用湿法除尘。

7) 粉尘的分散度　粉尘的粒径对球形颗粒来说,是指它的直径。实际上尘粒形状大多是不规则的,只能用某一个有代表性的数值作为粉尘的粒径。工业粉尘都是由粒径不同的颗粒所组成,粉尘的粒径分布叫作分散度。

(3) 粉尘对人体的危害　人体长期吸入某些粉尘造成的尘肺是粉尘对人体健康最重要的危害。长期吸入一定量的某些粉尘(特别是含量较高的二氧化硅粉尘)使肺组织发生病变,丧失正常的换气功能,严重损害健康。

**2. 除尘系统的组成**

为了防治污染和公害,改善劳动条件,加强劳动保护,我国制定了一系列法规和条例防治环境污染。其中防尘措施就是一个重要方面。在各项防尘技术措施中,通风除尘应用最广,是一项积极有效的防尘方法。通风除尘是利用抽风的办法,使局部排风罩内产生一定的负压,抽走尘源散发的粉尘,使不外逸,然后经由通风管道、除尘器、通风机等,将含尘空气净化后排出。排风罩、通风管道、除尘器及通风机组成一个系统,即除尘系统,如

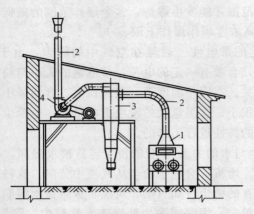

图 2-9 通风除尘系统示意图
1—排风罩；2—通风管道；3—除尘器；4—通风机

图 2-9 所示。

（1）排风罩 排风罩是通风除尘系统的首要部件，应能有效地控制尘源，使作业点的含尘浓度达到国家卫生标准的要求。如果设计安装合理，能用较少的排风量获得良好的效果，反之，即使用很大的排风量，仍然不能达到防止粉尘扩散的目的。

由于生产设备的结构和操作条件不同，排风罩的形式很多，根据其作用原理，大致可以分为以下四种基本类型：

1）密闭罩和通风柜 密闭罩和通风柜的特点是把尘源全部密闭，使粉尘的扩散限制在一个小的空间内，一般只在罩子上留有观察窗或不经常开启的检查门、工作孔。由于开口面积较小，因此只需要较小的排风量就可以有效地防止粉尘外逸。

2）外部排风罩 由于工艺和操作条件的限制，不能将生产设备进行密闭时，可在尘源附近设置外部排风罩，靠罩口吸气气流把粉尘吸入罩内。这种排风罩有上吸罩、侧吸罩及槽边排风罩等形式，如图 2-10 所示。

3）接受式排风罩 某生产过程或设备本身会产生或诱导一定的气流，带动有害粉尘、气体一起运动，如砂轮机磨削时所诱导的气流，热源上部的上升气流，砂轮机的排风罩如图 2-11 所

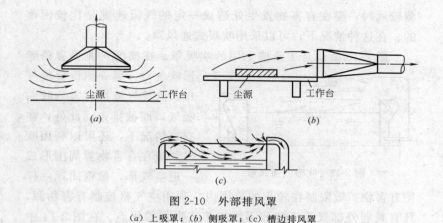

图 2-10 外部排风罩
(a) 上吸罩；(b) 侧吸罩；(c) 槽边排风罩

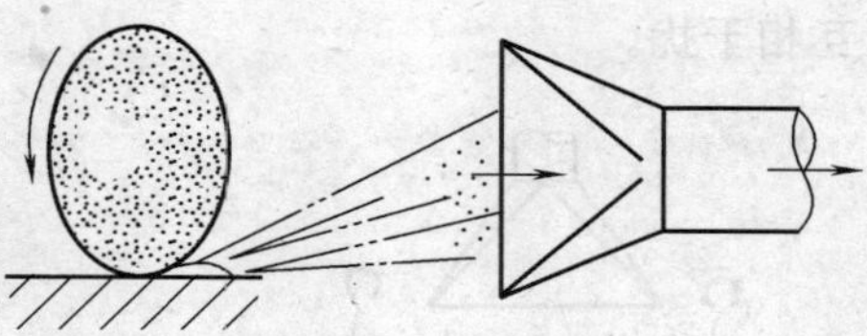

图 2-11 砂轮机的排风罩 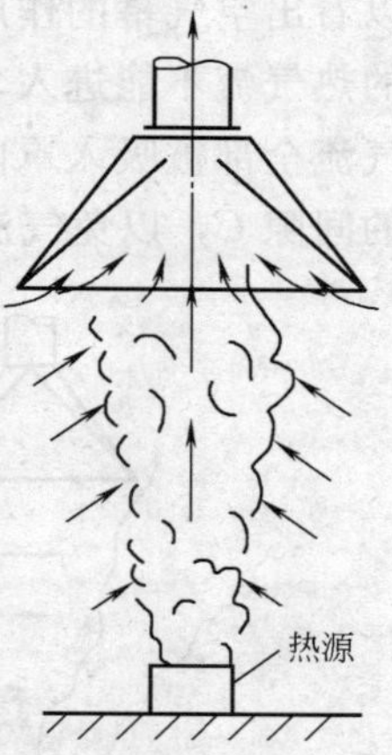　　图 2-12 热源上部的排风罩

示、热源上部的排风罩如图 2-12 所示。对于这种情况，通常把排风罩设在有害气流的前方或上方，使气流直接进入接受式排风罩。接受式排风罩和外部排风罩虽然外表相似，污染源都在排风罩的外面，但作用原理不同，外部排风罩外的气流运动是罩内的抽吸作用造成的，而接受式排风罩外的气流运动是生产过程造成的，与排风罩本身无关。

4）吹吸式通风罩　由于条件限制，当外部排风罩离有害物源较远时,要在有害物发生处造成一定的气流速度是比较困难的。在这种情况下,可以采用吹吸式通风罩。

图 2-13 所示是工业槽上用的吹吸罩。在槽的一侧设置条缝形吹气口,另一侧设置吸气口,吹气气流把有害物吹向吸气口而被排走。此外,在有些情况下,还可以利用吹气气流在有害物源周围形成一道空气幕,像密闭罩一样使有害物扩散限制在较小的范围内。利用空气幕控制有害物源,具有减弱外部气流干扰和不影响工艺操作等优点。在图 2-14 中可以看出空气幕的作用,图 2-14(a)是有横向气流影响时,上升的热气流不能进入伞形罩,而图 2-14(b)由于空气幕的作用,热气流全部被吸入罩内。吹气口吹出的射流和热气流之间应有足够的间隙 $C$,以免气流之间互相干扰。

图 2-13 吹吸式通风罩

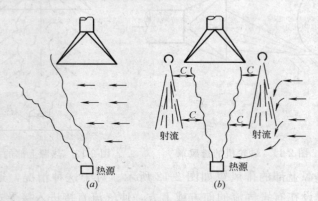

图 2-14 空气幕隔离罩

通过以上对各种排风罩的介绍,可以知道其设计安装有以下共同要点:

(A)排风罩离尘源要近,尽可能接近尘源。排风罩的罩口本身就是一个吸风口,它和送风用的吹风口所造成的气流运动规律是不同的。从吹风口吹出的气流可以作用到很远的地方,而排风罩只有在离罩口很近的范围内才有吸风效果。

(B) 安装排风罩时,使罩口顺着(对准)含尘气流运动的方向,这样就可以充分利用粉尘本身的动能,让它自行撞入罩内,以便用较小的排风量就能把粉尘吸走。

(C) 要有足够的排(通)风量。要有效地控制粉尘的扩散,就必须在尘源处造成一定的吸入风速。对于某一个排风罩来说,要有足够的排风量才能畅通地将飞扬的粉尘吸入罩内。

(D) 尽可能把尘源包容在罩内并密封起来。若必须留有检查门及工作孔时,应力求减小开口面积,这样可以减小排风量,且能提高排尘效果。

(E) 制作排风罩的材料要坚固耐用。一般情况可用镀锌薄钢板或普通薄钢板制作,在振动大、物料冲击力大或高温场合,就必须用 1.5~3mm 的较厚钢板制作;在有酸、碱或其他腐蚀性的场合,则需用塑料板制作。

(F) 安装排风罩时,一定要考虑到便于操作,便于使用维修,不得妨碍其他设备的运行。

(2) 除尘风管　除尘风管有单管式、枝状式和集合管式。只有一个排气罩的系统采用单管式;连接吸气点不超过 5~6 个时可采用枝状式;有更多排气点且排气量都不太大时采用集合管式(图 2-15)。

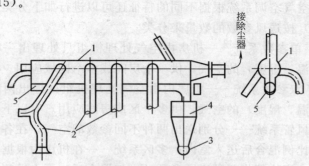

图 2-15　水平集合管
1—集合管;2—支风管;3—泄尘阀;4—集尘箱;5—螺旋输送机

除尘系统风管厚度如设计无规定时,可按表 2-1 采用。

除尘系统风管的厚度 (mm)　　　表 2-1

| 风管直径或长边尺寸 | 板材厚度 | 风管直径或长边尺寸 | 板材厚度 |
|---|---|---|---|
| $D(b) \leqslant 320$ | 1.5 | $1000 < D(b) \leqslant 1250$ | 2.0 |
| $320 < D(b) \leqslant 450$ | 1.5 | $1250 < D(b) \leqslant 2000$ | 按设计 |
| $450 < D(b) \leqslant 630$ | 2.0 | $2000 < D(b) \leqslant 4000$ | |
| $630 < D(b) \leqslant 1000$ | 2.0 | | |

### (四) 空调风系统

**1. 全空气系统**

全空气系统是完全由空气来担负房间的冷热负荷的系统。一个全空气空调系统通过输送的冷空气向房间提供显热冷量和潜热冷量,其空气的冷却、去湿处理完全由空调机房内的空气处理机组完成,在房间内不再进行补充冷却;而对输送到房间内的空气的加热可在空调机房内完成,也可在各房间内完成。全空气空调系统的空气处理基本上集中于空调机房内完成,因此常称为集中空调系统。

全空气空调系统根据不同的特征还可以进行如下分类:

(1) 按送风参数的数量来分类

1) 单参数系统——机房内空气处理机组只处理出一种送风参数(温、湿度)的空气,供一个房间或多个区域应用。

2) 双参数系统——机房内由空气处理机组处理出两种不同参数(温、湿度)的空气,供多个区或房间应用。有以下两种形式:双风管系统——分别送出两种不同参数的空气,在各个房间按一定比例混合后送入室内;多区系统——在机房内根据各区的要求按一定比例将两种不同参数的空气混合后,再由风管送到各个区域或房间,该系统中的处理机组采用多区机组。

(2) 按送风量是否恒定分类

1) 定风量系统——送风量恒定的全空气系统。

2) 变风量系统——送风量根据室内要求而变化的全空气系统。

(3) 按所使用空气的来源分类

1) 全新风系统（又称直流系统）——全部采用室外新鲜空气（新风）的系统，新风经处理后送入室内，消除室内的冷、热负荷后，再排到室外。

2) 再循环式系统（又称封闭式系统）——全部采用再循环空气的系统，即室内空气经处理后，再送回室内消除室内的冷、热负荷。

3) 回风式系统（又称混合式系统）——采用一部分新鲜空气和室内空气（回风）混合的全空气系统，介于上述两种系统之间。新风与回风混合并经处理后，送入室内消除室内的冷、热负荷。

(4) 按房间控制要求分类

1) 全空气空调系统——用于消除室内显热冷负荷与潜热冷负荷的全空气系统。该系统中空气必须经冷却和去湿处理后送入室内。至于房间的供暖可以用同一套系统来实现，即在系统内增设空气加热和加湿（也可以不加湿）设备；也可以用另外供暖系统来实现。集中式全空气空调系统是用得最多的一种系统形式，尤其是空气参数控制要求严格的工艺性空调大多采用这种系统。

2) 热风供暖系统——用于供暖的全空气系统。送入室内的空气只经加热和加湿（也可以不加湿）处理，而无冷却处理。这种系统只在寒冷地区只有供暖要求的大空间建筑中应用。

**2. 空气-水系统**

空气-水系统是由空气和水共同来承担室内冷、热负荷的系统，除了向室内送入经处理的空气外，还在室内设有以水作介质的末端设备对室内空气进行冷却或加热。在全空气系统中,为了对房间温度进行调节,有时在房间内或末端设备(如变风量末端机组)中设置加热盘管(用水、蒸汽或电),这种系统不算作空气-水系统,仍属全空气系统。根据在房间内末端设备的形式可分为以下三种系统:

(1)空气-水风机盘管系统——在房间内设置风机盘管的空气-水系统。

(2)空气-水诱导器系统——在房间内设置诱导器(带有盘管)的空气-水系统。

(3)空气-水辐射板系统——在房间内设置辐射板(供冷或供暖)的空气-水系统。

**3. 定风量单风道空调系统**

图 2-16 所示为一最简单的定风量露点送风单风道空调系统。单风道系统指送出一种参数的空气,露点送风指空气经冷却处理到接近饱和的状态点(称机器露点),不经再加热送入室内。夏季工况为:送风在机房内经冷却去湿处理后,送到室内,消除室内的冷负荷和湿负荷;回风机从室内吸出空气(称回风),一部分空气用于再循环(称再循环回风),并与新风混合,经处理后

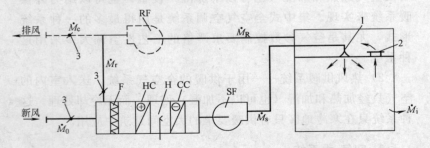

图 2-16 定风量露点送风单风道空调系统

SF—进风机;CC—冷却盘管(表冷器);HC—加热盘管;F—空气过滤器;
H—加湿器;RF—回风机;1—送风口;2—回风口;3—调节风阀

再送入房间，另一部分直接排到室外，称为排风。冬季工况为：送风在机房内经过滤、加热、加湿后，送到房间，其循环方式同夏季。图中回风机可以设置，也可以不设置，不设置时系统无排风（图中虚线）。设有回风机的称为双风机系统，这种系统可根据季节调节新、回风量之比，在春秋过渡季可以充分利用室外空气的自然冷量，实现全新风经济运行，从而节约能耗；而在夏季和冬季可以采用最小新风量。不设回风机的称单风机系统，这种系统在过渡季难于实现全新风运行，除非在房间内设排风系统，否则会造成房间内正压太大，导致门启闭困难。图 2-16 所示的系统是可以全年运行的全年性空调系统，如果取消加热盘管（HC），则成为只在夏季运行的季节性空调系统。对于全年性空调系统，加热盘管（HC）在寒冷地区应配置在冷却盘管的上游。以避免当混合风温度低于 0℃ 时，将冷却盘管（通常存有水）冻坏。

## （五）洁净空调系统

### 1. 洁净室

洁净室指空气中浮游粒子受控制的房间。在这些房间中，把大于或等于某一个或某几个粒径的粒子浓度控制在规定浓度以下。洁净室就是根据所控制粒子的浓度来定洁净等级，或称洁净度。洁净室除了有洁净等级外，还必须对空气的温、湿度和压力进行控制，并同时保证供给一定的新风量。

洁净室的发展与现代工业、尖端技术密切联系在一起。由于精密机械工业（如陀螺仪、微型轴承等的加工）、半导体工业（如大规模集成电路的生产）等对环境的要求，促进了洁净室技术的发展。正是这些工业的发展，对洁净室的洁净级别要求愈来愈高，所要控制的粒子直径愈来愈小。

洁净等级数值愈小，级别愈高。如表 2-2 所示。

**药品生产洁净等级**　　　　　　　　表 2-2

| 洁净级别 | 微粒(粒/m³) ≥0.5μm | 微粒(粒/m³) ≥5μm | 浮游菌数 (个/m³) | 菌落数 φ90皿,0.5h | 备 注 |
|---|---|---|---|---|---|
| 100 | ≤3500 | 0 | ≤5 | ≤1 | 相当于 M3.5 |
| 10000 | ≤3.5×10⁵ | ≤2000 | ≤100 | ≤3 | 相当于 M5.5 |
| 100000 | ≤3.5×10⁶ | ≤20000 | ≤500 | ≤10 | 相当于 M6.5 |
| ≥100000 | ≤10×10⁶ | ≤61800 | | | 相当于 30 万级 |

**2. 生物洁净室**

生物洁净室是指空气中微生物作为主要控制对象的洁净室。对于浮游在空气中的微生物来说（如细菌或病毒），在空气中不是单独生存，而是以群体存在，大多附着在空气中的尘埃上，形成浮游的生物粒子。生物洁净室就是要除掉这些生物粒子，如医院的手术室、烧伤病房、白血病房、食品生产、高级化妆品生产及药品生产等。生物洁净室的标准是用洁净室的级别再加上对生物微粒的控制要求。

**3. 洁净室的尘源**

洁净室内的尘粒主要来源有：室外新风带入和室内人员活动产生。

**4. 实现洁净度要求的通风措施**

洁净室要达到洁净等级，必须有综合措施，其中包括工艺布置、建筑平面、建筑构造、建筑装修、人员和物料净化、空气洁净措施及维护管理等。其中空气洁净措施是实现洁净等级的根本保证。具体通风措施有：

（1）对洁净室的送风必须是有很高洁净度的空气。因此，对进入洁净室的空气必须进行三级过滤，即经初效过滤器→中效过滤器→高效或亚高效过滤器。

(2) 根据洁净室的等级，合理选择洁净室的气流分布流型。在工作区应避免涡流区；尽量使送入房间的洁净度高的空气直接到达工作区；气流的流动有利于洁净室内的微粒从回风口排走。

(3) 有足够的风量，既为了稀释空气的含尘浓度，又保证有稳定的气流流型。

(4) 不同等级的洁净室、洁净室与非洁净区、洁净室与室外之间均应保持一定量的正压。

**5. 洁净室空调系统**

(1) 洁净室的气流分布 气流分布对洁净室等级起着重要的作用。根据气流的流动状态分，主要有以下三种气流分布的洁净室。

1) 非单向流洁净室 非单向流洁净室，以前常称为乱流型洁净室，室内的气流并不都按单一方向流动。图2-17所示为几

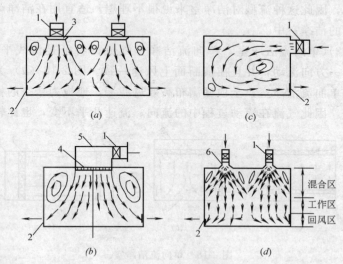

图2-17 非单向流洁净室
1—高效过滤器；2—回风口；3—扩散风口；4—送风孔板；5—静压箱；6—散流器

种典型的非单向流洁净室。

这几个非单向流洁净室共同特点是终端过滤器（高效或亚高效）尽量接近洁净室，它可以就是送风口或直接连送风口，也可以接到房间的送风静压箱上；另一特点是回风口均设在洁净房间的下部，目的是避免出现"扬灰"现象。图中（a）是顶棚均布高效过滤器风口的方案，是目前非单向流型洁净室用得比较多的一种流型。在风口下方的一定范围内基本上处于送风气流（已混有一部分室内空气）中。为了使送风气流下部的范围扩大，高效过滤器下装有扩散风口（又称扩散板）。但扩散风口在较长时间停运时会积灰，再次运行时必须擦净。当房间层高较高时，可以用图（d）的形式，即在高效过滤器出口接下送型散流器。图中（b）是在房间顶棚的中央设一条孔板，从而可以使多个高效过滤器的风量在室内形成一条比较均匀的送风带，工作台可以设在孔板下方；缺点是孔板有积灰的可能。当房间层高很低而无法采用上送风时，可采用侧送风流型，工作区处在回风区，如图（c）所示，因此这种流型对洁净室来说很不理想，适宜用在洁净等级不高的洁净室中。

2) 单向流洁净室　单向流洁净室气流的特征是流线平行，以单一方向流动，并且在横断面上风速一致。图 2-18 (a) 为一垂直单向流洁净室，全顶棚满布高效过滤器，地板为镂空的格栅地板，因此气流在流动过程中的流向、流速几乎不变，也比较均

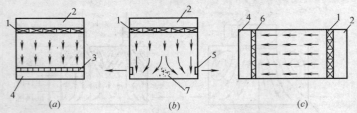

图 2-18　单向流洁净室
1—高效过滤器；2—送风静压箱；3—格栅地板；4—回风
静压箱；5—回风口；6—回风过滤器；7—涡流三角区

匀,无涡流。它不是靠掺混的稀释作用达到室内的洁净度,而是气流的推出作用,将室内的污染物从整个回风端推出。所以这种洁净室的流型也被称为"活塞流"、"平推流"。

垂直单向流洁净室的工作区完全在送风气流中,因此可以获得很高的洁净等级,通常用于M3.5级及更高级别的洁净室中,但它的造价昂贵。图2-18（b）是垂直单向流的一种变型,它用两侧的回风口替代全地板回风,从结构上简化了一些,但在洁净室中部某一高度出现涡流三角区,不能保持全室都是垂直向下的流动。涡流三角区的高度与室宽有关,试验和大涡数值模拟结果表明,涡流三角区的离地高度约为室宽的1/6～1/5。选用合理的室宽,保证工作区以上是单向流,这种洁净室不失为一种既经济而又可获得较高洁净等级的流型。图2-18（c）是水平单向流洁净室,它也是"平推流"的流型,但气流的下游,尤其是接近回风端处,洁净度下降,因此只能保证上游区有高的洁净等级。但它的造价比垂直单向流洁净室要低。

3) 矢流洁净室　图2-19所示为矢流洁净室的流型。在房间的侧上角送风,采用扇形高效过滤器,也可以用普通高效过滤配扇形送风口。在另一侧的下部设回风口。房间的高长比一般在1/2～1之间为宜。图示为大涡数值模拟的流线图,在两个角上出现涡流区。但洁净室内主要区域是气流互不交叉的"斜推"流型。这种洁净室也可以达到M3.5级（100级）。

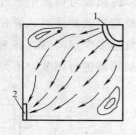

图2-19　矢流洁净室
1—扇形高效过滤器；2—回风口

洁净室的流型基本上是上述三种类型,但是实际应用时可演变出很多形式。例如,利用垂直单向流的原理,实现室内局部地区达到高等级洁净区的洁净隧道等。

（2）洁净室的换气次数　洁净室的送风量习惯上用换气次数

$n$(次/h)来表示。

(3)洁净室净化空调系统形式 一个洁净室除了对洁净度控制外,还必须对温、湿度等进行控制。它的冷却、去湿、加热、加湿的方法与常规空调系统基本一样。但净化空调系统的风量是根据洁净等级确定,其风量比用冷、热负荷确定的大得多,净化等级愈高,风量愈大。因此,热湿处理只需对新风和一部分回风进行处理即可。根据这个特点,空气净化主系统与热湿处理可以是两个并联的系统;也可以是一个集中的系统。洁净罩由风机、中效过滤器和高效过滤器组成,可造成局部垂直单向流,达到 M3.5 级,但它自身不带热湿处理设备;而空调机组负担房间的热湿负荷和新风负荷。这两个系统各司其责。

图 2-20 所示为集中式净化空调系统。该系统的空气热湿处理设备有表冷器、加热器、加湿器,与一般空调系统相类似。回风有一部分经空气处理设备处理,而一部分直接进行再循环。中效过滤器放在风机的出口段,这样在风机负压段可能漏入空气所带的微粒可以被中效过滤器清除。当回风含尘浓度高,或含有大粒灰尘或纤维时,要在回风口设初效或中效过滤器。当一个系统负担多个房间时,各个房间的温度用装在每个房间支风管上的电加热器进行调节,不允许调节风量。

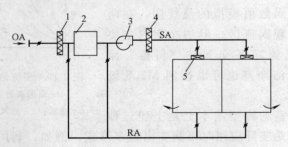

图 2-20 集中式净化空调系统
1—初效过滤器;2—空气热湿处理设备;3—风机;
4—中效过滤器;5—高效过滤器

## （六）制冷制热

一般来说，一个完整的空调系统由三大部分组成，即冷热源、供冷与供热管网、空调用户系统。所谓的冷热源就是通过管道将各种设备组成制备冷媒或热媒的热力系统；供冷与供热管网是输送冷媒与热媒的大动脉，将冷热源制备的冷、热媒输送到用户；空调用户系统也是由管路系统与末端装置组成冷量或热量的分配系统，按负荷的大小合理地将冷量或热量分配到各个房间，以创造出舒适而健康的室内环境。

**1. 热源种类**

石化燃料是热源采用最多的能源。石化燃料又可分为固体（如煤、木柴等）、液体（如重油）和气体（如天然气）燃料。此外还可利用电能、太阳能、地热、核能等。热源采用不同的能源，其设备和系统形式也会有所不同。以下是应用最普遍的几种热源。

（1）局部锅炉房（分散供热锅炉房）局部锅炉房指的是为一个或几个建筑物服务的锅炉房。可设置在建筑物内或附近的独立房屋内，配备一台或几台功率不大的小型锅炉。燃煤的小型锅炉热效率低（一般低于 50%~60%），自动化程度低，因此供给相同热量所消耗的燃料多，燃烧排放物多，不利于环保和节能，但锅炉房初投资低，用于没有集中供热系统和当地环保部门对燃煤锅炉应用无限制的地方，或用于资金有限以及对供热有特殊要求的热用户。目前城市中的大型公共建筑，高层建筑的自备热源一般采用燃油或燃气锅炉，这类锅炉的热效率高，一般都在 87% 以上，有的在 90% 以上；自动化程度高；对环境的影响比燃煤锅炉小，但也要考虑氮化物对大气质量的影响。

（2）区域锅炉房（集中供热锅炉房）区域锅炉房指的是为城市或其中某些区域热用户供热的大型锅炉房。用室外热网将一个或几个热源与众多热用户连成一体。所配备的锅炉功率大，自动化程度高，热效率高（一般高于70%～80%）。因此供给相同的热量所消耗燃料少，燃料排放物少，可减少单位供热量锅炉房的占地面积和城市运煤、运灰渣量，减少管理人员，有利于节能和环保。

（3）热电厂 热电厂是同时生产电能和热能的发电厂。由热电厂作为热源供热，又称为热化。其锅炉容量大、自动化水平高，热效率高达90%以上。因此在热电联产基础上的集中供热比区域锅炉房还要节约燃料，减少有害物排放，供热范围大，热电厂可建在远离负荷中心处，更加有利于节能和环保，降低供热成本。

（4）热泵 热泵是消耗一部分高位能量使低位热源（如空气、水所含的热量）转变为高位热源的装置。所供的热量是所消耗高位能量的几倍。在一定条件下是一种节能的热源。热泵设备实质上是一套制冷设备，因此热源与冷源可合为一套设备。目前新建的建筑中热泵的应用已逐渐增多。

**2. 冷源种类**

目前，国内大、中型中央空调冷源的形式很多，大致可分成以下几种。

按驱动方式分有电动冷水机组和热驱动的吸收式冷水机组。吸收式冷水机组按热源方式分，有热水型吸收式冷水机组、蒸汽型吸收式冷水机组和直燃式吸收式冷热水机组；电动冷水机组按压缩机形式分，有活塞式压缩机冷水机组、螺杆式压缩机冷水机组、离心式压缩机冷水机组等；按冷却方式分，有水冷式冷水机组和风冷式冷水机组；按结构形式分，有模块式冷水机组、整装式冷水机组和多机头式冷水机组；冷热源合一的主要有直燃式吸收式冷热水机组、空气源热源冷热水机组等。

**3. 冷热源的组合方式及特点**

空调冷热源的组合方式主要有以下几种：

(1) 电动冷水机组供冷、锅炉供热　这是目前应用最广的空调冷热源组合方式，也可以说是传统的冷热源组合方式。夏季用电动冷水机组供冷、冬季用锅炉供暖。其特点为：

1) 电动冷水机组能效比高。水冷往复式冷水机组的性能系数为 3.2～4.3；水冷螺杆式冷水机组为 4.5～5.7；水冷离心式冷水机组 4.4～5.6；风冷往复式冷水机组为 2.7～2.9。

2) 冷源、热源一般集中设置，运行及维修管理方便。

3) 对环境有一定影响。制冷系统的 CFC 问题（如破坏大气臭氧层），热源（如燃煤锅炉）排出大量的 $CO_2$、$SO_2$ 和粉尘等有害物，导致生态环境破坏（如全球温室效应和酸雨等）。

4) 锅炉除燃煤锅炉外，还有燃油锅炉、燃气锅炉、电锅炉等。

(2) 溴化锂吸收式冷水机组供冷、锅炉供热　溴化锂吸收式冷水机组按工作原理可分为单效型和双效型。这种组合方式的特点是：

1) 冬季锅炉供暖、夏季锅炉供蒸汽或热水，作为溴化锂吸收式冷水机组的动力。相对于电动制冷来说，这既节约了电能，又提高了锅炉设备的利用率。

2) 以溴化锂水溶液为工质，无味、无毒，有利于保护臭氧层，但对温室效应影响较大。

3) 在真空下运行，无高压爆炸危险，安全可靠。

4) 运动部件少，运转安静，噪声值仅为 75～80dB（A）。

5) 腐蚀性强。溴化锂水溶液对普通碳素钢有较强的腐蚀性，不仅影响到机组的性能与正常运行，而且影响到机组的寿命。

6) 气密性要求高。

(3) 电动冷水机组供冷、热电厂供热　近几年来，由于热电联产有了新的发展，在一些空调中也选用热电厂供热。这种组合方式与第一种组合方式相比，供冷方式一致，只是将锅炉供热改为热电厂供热。因此，这种组合方式除了具有电动冷水机组供冷

的特点外,还具有:

1) 热电联产供暖与独立锅炉房供暖相比具有节能效益。

2) 可以取消分散的独立锅炉的小烟囱,减少 $CO_2$、$SO_2$ 和粉尘等有害物的排放量,明显地改善环境。

3) 供热质量高,热媒参数稳定。

(4) 溴化锂冷水机组供冷、热电厂供热 该组合方式集第二种组合方式的供冷特点与第三种组合方式的供热特点为一体,被称为热、电、冷联产系统。

(5) 直燃溴化锂吸收式冷热水机组 夏季用直燃机供冷冻水,冬季用直燃机供热水,省掉锅炉房或配置外网的热力站。一机两用,甚至一机三用(供冷、供暖和供生活热水),与独立燃煤锅炉房相比,直燃机燃烧效率高,对大气环境污染小,可省去热源机房,同时,该设备体积小,机房用地省。

(6) 空气源热泵冷热水机组作中央空调的冷热源 空气源热泵冷热水机组作为中央空调冷热源具有如下特点:

1) 它是一种具有节能效益和地球环保效益的空调冷热源方式。空调采用这种冷热源是空调可持续发展的可行性技术之一。

2) 空气是一个庞大的低位热源,蕴藏着丰富的能量,取之不尽,用之不竭。随时随地可以利用,是热泵的优良低位热源之一。

3) 设备利用率高,一机冬夏两用。

4) 省去水冷冷水机组的冷却水系统(冷却塔、冷却水循环水泵和冷却水管路等),不用建供热锅炉房。

5) 可置于屋顶,不占建筑有效面积。

6) 设备安装和使用方便。

因此,采用空气源热泵冷热水机组的技术在我国迅速发展,市场应用十分广泛。但使用中应注意:

(A) 当室外空气相对湿度大于 70%,温度在 3~5℃ 范围时,设备结霜严重。也就是说,在我国南方使用时,仍然存在结霜问题。因此,选择设备时,一定注意设备应有良好的除霜措施。国产全电脑控制双螺杆空气源热泵冷热水机组具有先进的除霜程序,可根据不同的地区、季节、室外温度、湿度以及制冷剂管的温度等五种信号自动控制除霜开始和结束。

(B) 使用空气源热泵冷热水机组时,应设置适当容量的辅助热源。建筑物的冬季热负荷随着室外温度下降而增大,但空气源热泵的供热量却随着室外温度的下降而减少。在某一室外温度时机组的供热量与建筑物的热负荷相等,该室外温度称为平衡点温度。当室外温度低于平衡点温度时,需要有辅助热源补充供热。因此确定平衡点温度十分重要。

### (七) 空调系统的自动控制

各种空调系统在运行过程中都需要调节。各种系统工作原理不同,其运行调节方案也各不相同,因此,必须针对系统的特点与用户的要求制定合理的运行调节方案。目前,运行调节方案主要有两种:一是依靠管理人员对系统进行手动控制;二是系统自动控制。前一种方法投资少,但需要较多的运行人员,劳动强度大,调节质量依赖于管理人员的专业知识水平、经验和责任心,调节质量不高。自动控制的优点有:(1) 保证系统按预定的最佳方案运行,能耗和运行费用低;(2) 保证室内达到所要求的条件;(3) 系统运行安全、可靠,如防止空调系统冬季运行时空调机组中盘管冻结;(4) 管理人员少,劳动强度低。其缺点是初投资高。由此可见,人工控制的方法只适用于比较简单的小型系统和调节质量要求不高的场合。控制精度要求高的恒温恒湿工艺性空调通常必须采用自动控制。在大、中型建筑中的舒适性空调系统中,自动控制也愈来愈得到广泛的应用。尤其是现代化建筑,通常由中央监控系统对整个建筑进行监控与管理,即中央监控系统对建筑内暖通空调、照明、动力、给水排水、消防、保安等各种系统和设备进行监控和管理。这种建筑中,除暖通空调系统必须实现自动控制外,还须与中央监控系统联网。

## 1. 自动控制系统的基本组成

自动控制系统由传感器、控制器、执行调节机构组成,如图 2-21 所示。

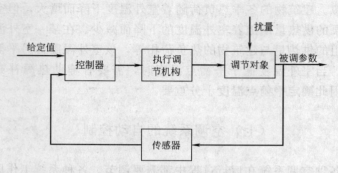

图 2-21 自动控制方框图

（1）调节对象与被调参数 调节对象在暖通空调中指室内热湿环境、空气品质、洁净度或冷热源的制冷量和供热量等。被调参数是指表征调节对象特征的,可以被测量的量或物理特性,在暖通空调中的被调参数指房间热湿环境的温度和湿度,冷水机组的冷冻水供水温度,汽/水加热器或水/水加热器的热水供水温度,室内空气品质的 $CO_2$ 浓度,水箱或水槽（如膨胀水箱、蓄热水池、补给水箱等）水位（控制水容量）等。扰量是指导致调节对象的被调参数发生变化的干扰因素,例如房间内人员、灯光的增减、室外气象参数的变化都是房间热湿环境的扰量,它们引起被调参数（温度和湿度）的变化。

（2）传感器 传感器又称敏感元件、变送器,它测量被调参数的大小并输出信号。输出的信号可以是被调参数的模拟量,如电压、电流、压力等。传感器有很多种,按控制的参数分有：温度传感器,相对湿度传感器,压力和压差传感器,流速传感器,焓值、含湿量变送器（由温度、湿度传感器组成）, $CO_2$/VOC（二氧化碳/挥发性有机化合物）传感器等。温度传感器根据工作原理又可分为电阻型、温包型等。

(3) 控制器　控制器又称调节器，它接收传感器的信号与给定值（按要求设定的被调参数值）进行比较，并按设定的控制模式对执行调节机构发出调节信号。任一时刻被调参数的实测值与给定值之差称偏差，控制器对偏差按一定的模式进行计算而给出调节量（输出信号）。这种计算模式即为控制模式。目前常用的控制模式有：开关控制（双位控制），比例控制，浮动控制，积分控制，微分控制等。

(4) 执行调节机构　执行调节机构接收来自控制器的调节信号，对被调介质的流量（或能量）进行调节。执行调节机构由执行机构和调节机构组成。前者将控制器的调节信号转换成角位移或线位移，再驱动调节机构（如调节阀）实施对被调介质的调节。执行调节机构有电动和气动两类。气动执行调节机构必须有气源，因此应用上受到限制，在空调中常用的是电动执行调节机构，如电动调节阀（二通或三通）、开/关型电动阀、电动调节风门等。

传感器、控制器、执行调节机构可以是三个独立的部件，也可以 2 件或 3 件组合成一个设备。如传感器与控制器组合，仍称为控制器。

**2. 自动控制系统实例**

(1) 风机盘管（冷/热共用）的控制系统　图 2-22 所示是风机盘管（冷/热共用）的控制系统原理图。图中的带三速开关的恒温控制器装有温度传感器，它测量房间温度并与给定值比较，控制开/关型电动阀开或关，从而实现对房间温度的调节。由用户自己手动选择风机的运行转速（高、中、低档三速）。室温给定值也由用户根据自己的意愿手动调整。由于电动阀随温度变化的动作在供冷和供热工况时是相反的，因此在恒温控制器上还设有供热/供冷的转换开关。当供冷时，温度高于给定值时，电动阀通电而开启；反之，电动阀断电而关闭。当供热时，温度低于

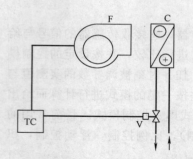

图 2-22 风机盘管的控制系统原理图
F—风机；C—盘管；TC——带三速开关的恒温控制器；V—开/关型电动阀

给定值时，电动阀通电而开启；反之，电动阀断电而关闭。恒温控制器直接装于房间内墙上，应避免接近出风口或阳光直射。上述控制系统是目前常用的一种控制系统。其他控制方式有直接自动控制风机转速（三档或无级调速）。

（2）新风系统的控制系统

图 2-23 所示为新风系统的控制系统原理图。该系统中设有温度控制器和湿度控制器，分别控制送出新风的温度和湿度。温度控制器（TC）根据安装在送风管上的温度传感器（T）的信号，控制电动调节阀 V1（供热）或 V2（供冷）的动作，使送风温度保持在给定值。在恒温控制器上设有供冷/供热运行模式的转换开关。也可以通过检测新风入口温度进行自动转换。送风温度的给定值一般可在 12~28℃ 范围内进行设置。湿度控制器（HC）根据安装在送风管上的湿度传感器（H）的信号，控制蒸

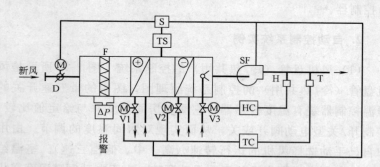

图 2-23 新风系统的控制系统原理图
TC—温度控制器；HC—湿度控制器；T—温度传感器；H—湿度传感器；
TS—低温断路开关（控制器）；S—联锁开关；V1、V2、V3—电动调节阀；
D—电动调节风门；ΔP—压差控制器；其他符号同图 2-22

汽管上的电动调节阀 V3 的动作，使湿度保持在给定值。为防止冬季运行时出现冻坏盘管的危险，在加热盘管的空气出口侧装低温断路开关（或称控制器，它带有温度传感器）。当风温低于给定值（一般在 2～7℃ 内设定）时，低温断路开关切断风机电路，并使新风入口的电动调节风门（D）关闭和发出报警。风机、电动调节阀 V1、V2 和电动调节风门（D）通过联锁开关联锁。即风机运转，它们打开；风机停止时，它们关闭。压差控制器（$\Delta P$）感应过滤器前后压差，当压差超过给定值时发出报警，提醒管理人员更换或清洗。

上述控制方案中各控制器是分设的。也可以采用数字式控制器（DC）集中对各执行调节机构进行控制，并实现联锁、切换等功能。

（3）变风量系统的风量控制系统　变风量的温度、湿度的调节方法与上述空调系统类似。VAV 系统的风量控制原理图如图 2-24 所示。该系统中数字式控制器（DC）既用于风量控制，又用于温湿度控制及其他工况转换等的控制。数字式控制器根据送风管的静压传感器实测值与给定值的偏差控制变频调速器（VS）输出频率，以调节风机的转速。在新、回风和送风管上都装有风速传感器，实质是测量它们的风量。控制器根据测得的风量，通

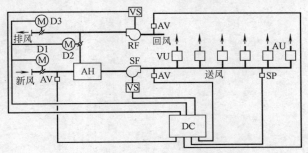

图 2-24　VAV 系统的风量控制原理图
SP—静压传感器；AV—风速（风量）传感器；
VS—变频调速器；其他符号同图 2-22

过回风机的变频调速器（SV）控制回风机的风量，使送风量与回风量之差保持一给定值，即保证室内有一定正压。在最小新风运行模式时，在调节风机风量的同时，还应调节 D1、D2 的开度，以保证新风量不小于最小新风量。

# 三、常用通风材料的基本知识及工具设备

## (一) 常用通风材料

**1. 金属材料**

在通风与空调工程中常用的金属材料主要有薄钢板、镀锌钢板、不锈钢板、铝板、复合钢板及型钢等。

(1) 薄钢板 薄钢板是制作通风管道和部件的主要材料,一般常用的有普通薄钢板和镀锌钢板。它的规格是以短边、长边和厚度来表示,常用的薄板厚度为 0.5～4mm,规格为 900mm×1800mm 和 1000mm×2000mm。

1) 普通薄钢板 普通薄钢板有板材和卷材两种。板材规格见表3-1。这类钢板属乙类钢,是钢号为 Q235B 的冷、热轧钢板。它有较好的加工性能和较高的机械强度,价格便宜。

薄钢板规格 表3-1

| 厚度(mm) | 尺寸(长×宽)(mm) | | | | |
| --- | --- | --- | --- | --- | --- |
| | 710×1420 | 750×1500 | 750×1800 | 900×1800 | 1000×2000 |
| | 每张质量(kg) | | | | |
| 0.5 | 3.96 | 4.42 | 5.30 | 6.36 | 7.85 |
| 0.55 | 4.35 | 4.86 | 5.83 | 6.99 | 8.64 |
| 0.60 | 4.75 | 5.30 | 6.36 | 7.63 | 9.42 |
| 0.65 | 5.15 | 5.74 | 6.89 | 8.27 | 10.20 |
| 0.70 | 5.54 | 6.18 | 7.42 | 8.90 | 10.99 |
| 0.75 | 5.94 | 6.62 | 7.95 | 9.54 | 11.78 |
| 0.80 | 6.33 | 7.06 | 8.48 | 10.17 | 12.56 |

续表

| 厚度(mm) | 尺寸(长×宽)(mm) | | | | |
|---|---|---|---|---|---|
| | 710×1420 | 750×1500 | 750×1800 | 900×1800 | 1000×2000 |
| | 每张质量(kg) | | | | |
| 0.90 | 7.12 | 7.95 | 9.54 | 11.44 | 14.13 |
| 1.00 | 7.91 | 8.83 | 10.60 | 12.72 | 15.70 |
| 1.10 | 8.70 | 9.71 | 11.66 | 13.99 | 17.27 |
| 1.20 | 9.50 | 10.60 | 12.72 | 15.26 | 18.84 |
| 1.30 | 10.29 | 11.48 | 13.73 | 16.53 | 20.41 |
| 1.40 | 11.08 | 12.36 | 14.81 | 17.80 | 21.98 |
| 1.50 | 11.87 | 13.25 | 15.90 | 19.07 | 23.55 |
| 1.60 | 12.66 | 14.13 | 16.96 | 20.35 | 25.12 |
| 1.80 | 14.24 | 15.90 | 19.08 | 22.80 | 28.26 |
| 2.00 | 15.83 | 17.66 | 21.20 | 25.43 | 31.40 |

对该钢板的要求是，表面平整、光滑、厚度均匀，没有裂纹和结疤。应妥善保管，防止生锈。

2) 镀锌钢板　镀锌钢板俗称"白铁皮"，常用厚度一般为0.5～1.5mm，长宽尺寸与普通钢板相同。镀锌钢板表面有保护层，可防腐蚀，一般不需刷漆。对该钢板的要求是表面光滑干净，镀锌层厚度应不小于0.02mm。它多用于防酸、防潮湿的风管系统，效果比较好。

(2) 不锈钢板和铝板

1) 不锈钢板

(A) 它有较高塑性、韧性和机械强度，耐腐蚀，是一种不锈的合金钢。常用在化工工业耐腐蚀的风管系统中。

(B) 不锈钢中主要元素是铬，化学稳定性高。在表面形成钝化膜，保护钢板不氧化，并增加其耐腐蚀能力。

(C) 不锈钢在冷加工时易弯曲，锤击时会引起内应力，出现不均匀变形。这样，韧性降低，强度加大，变得脆硬。

(D) 不锈钢加热到450～850℃，再缓慢冷却后，钢质变坏、硬化，出现裂纹。

2) 铝板

(A) 铝板有纯铝和合金铝,主要用在化工工业通风工程中。

(B) 铝板色泽美观,密度小,有良好的塑性,耐酸性较强,但易被盐酸和碱类腐蚀。有较好的抗化学腐蚀的性能。

(C) 合金铝板机械强度较高,抗腐蚀能力较差。通风工程用铝板多数为纯铝和经退火处理过的合金铝板。

(D) 由于铝板质软,碰撞不易出现火花,因此,多用作有防爆要求的通风管道。

(3) 塑料复合钢板 在普通钢板上面喷涂一层塑料薄膜,就成为塑料复合钢板。它的特点是耐腐蚀,弯折、咬口、钻孔等的加工性能也好。塑料复合钢板常应用于空气洁净系统及温度在 -10~+70℃ 范围内的通风与空调系统。

它的规格有 450mm×1800mm、500mm×2000mm、1000mm×2000mm 等。

(4) 型钢

1) 扁钢 用作小法兰、抱箍、加固框及风帽支撑等。见表 3-2。

扁钢规格  表 3-2

| 宽度(mm) 厚度(mm) | 理论质量(kg/m) | | | | | | | | | | | | | |
|---|---|---|---|---|---|---|---|---|---|---|---|---|---|---|
| | 10 | 12 | 14 | 16 | 18 | 20 | 22 | 25 | 28 | 30 | 32 | 36 | 40 | 45 | 50 |
| 3 | 0.24 | 0.28 | 0.33 | 0.38 | 0.42 | 0.47 | 0.52 | 0.59 | 0.66 | 0.71 | 0.75 | 0.85 | 0.94 | 1.06 | 1.18 |
| 4 | 0.31 | 0.38 | 0.44 | 0.50 | 0.57 | 0.63 | 0.69 | 0.79 | 0.88 | 0.94 | 1.01 | 1.13 | 1.26 | 1.41 | 1.57 |
| 5 | 0.39 | 0.47 | 0.55 | 0.63 | 0.71 | 0.79 | 0.86 | 0.98 | 1.10 | 1.18 | 1.25 | 1.41 | 1.57 | 1.73 | 1.96 |
| 6 | 0.47 | 0.57 | 0.66 | 0.75 | 0.85 | 0.94 | 1.04 | 1.18 | 1.32 | 1.41 | 1.50 | 1.69 | 1.88 | 2.12 | 2.36 |
| 7 | 0.55 | 0.66 | 0.77 | 0.88 | 0.99 | 1.10 | 1.21 | 1.37 | 1.54 | 1.65 | 1.76 | 1.97 | 2.20 | 2.47 | 2.95 |
| 8 | 0.63 | 0.75 | 0.88 | 1.00 | 1.13 | 1.26 | 1.38 | 1.57 | 1.76 | 1.88 | 2.01 | 2.26 | 2.51 | 2.83 | 3.14 |

2) 角钢 主要用作支架、加固框和法兰等。常用的等边角钢,见表 3-3。

等边角钢规格 表 3-3

| 尺寸(mm) b | 尺寸(mm) d | 理论质量 (kg/m) | 尺寸(mm) b | 尺寸(mm) d | 理论质量 (kg/m) |
|---|---|---|---|---|---|
| 20 | 3 | 0.887 | 50 | 3 | 2.324 |
|  | 4 | 1.146 |  | 4 | 3.054 |
|  |  |  |  | 5 | 3.769 |
| 22 | 3 | 0.985 | 56 | 3.5 | 3.023 |
|  | 4 | 1.270 |  | 4 | 3.438 |
|  |  |  |  | 5 | 4.247 |
| 25 | 3 | 1.123 | 63 | 4 | 3.896 |
|  | 4 | 1.460 |  | 5 | 4.814 |
|  |  |  |  | 6 | 5.720 |
| 28 | 3 | 1.269 | 70 | 4.5 | 4.870 |
| 30 | 4 | 1.780 |  | 5 | 5.380 |
|  |  |  |  | 6 | 6.395 |
| 32 | 3 | 1.463 |  | 7 | 7.392 |
|  | 4 | 1.911 |  | 8 | 8.373 |
| 36 | 3 | 1.651 | 75 | 5 | 5.977 |
|  | 4 | 2.162 |  | 6 | 6.885 |
| 40 | 3 | 1.846 |  | 7 | 7.964 |
|  | 4 | 2.419 |  | 8 | 9.024 |
| 45 | 3 | 2.081 |  | 9 | 10.068 |
|  | 4 | 2.733 |  |  |  |
|  | 5 | 3.369 |  |  |  |

注：$b$—边宽，$d$—边厚。

3）槽钢 主要用来作通风空调设备的支架及大型风管的托架等，见表 3-4。

槽 钢 表 3-4

| 型号 | 尺寸(mm) | | | 理论质量(kg/m) |
|---|---|---|---|---|
|  | $h$ | $b$ | $d$ |  |
| 5 | 50 | 37 | 4.5 | 5.44 |
| 6.3 | 63 | 40 | 4.8 | 6.63 |
| 6.5 | 65 | 40 | 4.8 | 6.70 |
| 8 | 80 | 43 | 5.0 | 8.01 |
| 10 | 100 | 48 | 5.3 | 10.00 |

续表

| 型号 | 尺寸(mm) | | | 理论质量(kg/m) |
|---|---|---|---|---|
| | h | b | d | |
| 12 | 120 | 53 | 5.5 | 12.06 |
| 12.6 | 126 | 53 | 5.5 | 12.37 |
| 14a | 140 | 58 | 6.0 | 14.53 |
| 14b | 140 | 60 | 8.0 | 16.73 |
| 16a | 160 | 63 | 6.5 | 17.23 |
| 16 | 160 | 65 | 8.5 | 19.74 |
| 18a | 180 | 68 | 7.0 | 20.17 |
| 18 | 180 | 70 | 9.0 | 22.99 |
| 20a | 200 | 73 | 7.0 | 22.63 |
| 20 | 200 | 75 | 9.0 | 25.77 |
| 22a | 220 | 77 | 7.0 | 24.99 |
| 22 | 220 | 79 | 9.0 | 28.45 |
| 24a | 240 | 78 | 7.0 | 26.55 |
| 24b | 240 | 80 | 9.0 | 30.62 |
| 24c | 240 | 82 | 11.0 | 34.39 |

注：$h$—高；$b$—宽；$d$—厚。

### 2. 非金属材料

（1）聚氯乙烯塑料板

1）这种板耐腐蚀性好，一般情况下与酸、碱和盐类均不产生化学反应。但在浓硝酸、发烟硫酸和芳香碳氢化合物的作用下，表现出不稳定性。

2）这种材料强度较高，弹性较好，热稳定性较差。高温时强度下降，低温时变脆易裂。当加热到100～150℃时，呈柔软状态；190～200℃时，在较小的压力下，能使其相互粘合在一起。

3）由于板材纵向和横向性能不同，内部存在残余应力，在制作风管和部件时，要进行加热和冷却，使其产生收缩。一般纵横向收缩率分别为3‰～4‰和1.5‰～2‰。

4）聚氯乙烯塑料板的密度一般是1350～1450kg/m³。在通风与空调工程中，这种板材多用作输送含酸、碱、盐等腐蚀性气体的管道和部件，也可使用在洁净系统中。表3-5为塑料板材规格。

塑料板材规格　　　　　表 3-5

| 厚度 | 宽度 | 长度 | 质　　量 | |
|---|---|---|---|---|
| (mm) | | | (kg/块) | (kg/m³) |
| 2.0 | ≥700 | ≥1200 | 2.52 | 3.0 |
| 2.5 | | | 3.51 | 3.75 |
| 3.0 | | | 3.78 | 4.50 |
| 3.5 | | | 4.41 | 5.25 |
| 4.0 | | | 5.04 | 6.00 |
| 4.5 | | | 5.67 | 6.75 |
| 5 | | | 6.30 | 7.50 |
| 6 | | | 7.56 | 9.00 |
| 7 | | | 8.82 | 10.5 |
| 8 | | | 10.1 | 12.0 |
| 9 | | | 11.3 | 13.5 |
| 10 | | | 12.6 | 15.0 |
| 12 | | | 15.1 | 18.0 |
| 14 | | | 17.4 | 21.0 |
| 15 | | | 18.9 | 22.5 |
| 16 | | | 20.2 | 24.0 |
| 18 | | | 22.7 | 27.0 |
| 20 | | | 25.2 | 30.0 |
| 22 | | | 27.7 | 33.0 |
| 24 | | | 30.2 | 36.0 |
| 25 | | | 31.5 | 37.5 |
| 28 | | | 35.3 | 42.0 |

5）对塑料板的要求，表面要平整、厚薄均匀，无气泡、裂缝和脱层等缺陷。

6）常用塑料焊条见表 3-6。

塑　料　焊　条 (mm)　　　　　表 3-6

| 直　径 | | 长度不小于 | 焊条质量 (kg/根) 不小于 | 适用焊件厚度 |
|---|---|---|---|---|
| 单焊条 | 双焊条 | | | |
| 2.0 | 2.0 | 500 | 0.24 | 2～5 |
| 2.5 | 2.5 | 500 | 0.37 | 6～15 |
| 3.0 | 3.0 | 500 | 0.53 | 16～20 |
| 3.5 | — | 500 | 0.72 | — |
| 4.0 | — | 500 | 0.94 | |

(2) 玻璃钢 玻璃钢是一种非金属性防腐材料,由玻璃纤维和合成树脂粘结制成。

玻璃钢的特点是:强度较高,重量轻,具有耐腐蚀性能。有阻燃规定时,可加入定量阻燃剂。为了提高玻璃钢的强度和刚度,可在合成树脂中加填充料。

玻璃钢在通风与空调工程中常用作冷却塔,也有用它作输送含腐蚀性气体和大量水蒸气的通风管道和部件。

玻璃钢风管及配件制品应内外表面平整光滑,厚度均匀,不许有气泡、分层现象,边缘无毛刺,树脂固化度达90%以上,法兰与风管、配件应形成一个整体,并与风管轴线成直角。法兰平面的不平整度允许偏差不应大于2mm。

(3) 风管法兰常用垫料 为保证法兰接口的严密,通常要使用垫料。常用的垫料有石棉绳、石棉橡胶板、石棉板、橡胶板、软聚氯乙烯板、乳胶海棉板和闭孔海棉橡胶板等。

1) 石棉绳主要用在气体温度大于70℃的通风与空调系统以及加热器作垫料。石棉绳弹性和严密性较差。

2) 石棉橡胶板也是作为法兰垫料,它的弹性好,能耐高温。

3) 石棉板强度低、易碎、弹性差。它的特点是耐高温,与石棉有相同的用途。

4) 橡胶板 普通橡胶板一般厚3~5mm,具有弹性、严密性好的特点。除普通橡胶板外,还有耐酸碱,耐油及耐热橡胶板。这种垫料在通风空调工程中用途比较广泛。

5) 乳胶海棉板的特点是弹性好,永久变形小,气密性较差。闭孔海棉橡胶板气密性和弹性均好,永久变形也小。它所使用的厚度,一般在5mm以上。这两种橡胶板主要用于空气洁净系统的施工安装。

6) 软聚氯乙烯塑料板有较好的耐腐蚀性能,而热稳定性差。这种塑料板主要用在输送含酸、碱、盐等气体的风管和部件上作为密封垫料。厚度一般在3~5mm,输送介质温度不超过60℃。

(4) 吸声材料 吸声材料的种类较多,用于消声的有:超细玻璃棉、卡普隆纤维、矿渣棉、玻璃纤维板、聚氯乙烯泡沫塑料及工业毛毡等。吸声材料还应具备防火、防潮、耐腐蚀、经济适用和施工方便等特性。

(5) 玻璃纤维布　它可用作风机与风管连接的软接头。布的规格为厚 0.06～0.1mm，宽 600～1000mm。此外，柔性接头还可用"三防"帆布、人造革及软橡胶板制作。

(6) 保温材料　保温材料主要是起隔热和隔冷作用。它的种类也很多，常用的有离心玻璃棉、矿渣棉、沥青矿渣棉、聚乙烯、聚氨酯、橡塑海绵等。

## （二）通风常用工具和设备

### 1. 自动机械生产线介绍

TDF 电脑控制生产线：卷料→调平→压筋→剪角→剪断→辘骨（东洋骨，直角骨）→TDF（自成法兰）→折角（成品）。

特点：ACL 机械公司最新研制的 AML-100 自动裁板生产线（图 3-1）和 AML-200TDF 风管自动生产线（图 3-2），采用电脑控制一次成形，为风管全面标准化，工业化生产，降低成本带来

图 3-1　AML-100 自动裁板生产线

图 3-2 AML-200TDF 自动生产线

新的曙光。经济型的 AML-100 自动裁板生产线，配备液压剪板机，加工速度为 8m/分钟，加工板厚 0.5~1.5mm，宽度为 1300mm。电气控制剪切长短，该机配五辊调直机以及液压剪切机，剪角机。

AML-200TDF 风管自动生产线，由系统的微机 CNC 控制，一名操作员可控制整条生产线，加工速度为 8m/分钟，加工板厚 0.5~1.2mm，配辘骨机，自成法兰机，液压折边机，液压剪，液压剪板等，同时还可选择其中之一配套生产出 TDF 系统，插接式法兰系统等等。

**2. 使用机具的一般规则**

（1）施工机械应由专人保管，未经保管人员同意，不得随意动作。对不熟悉机械性能者，严禁动用，有特殊要求的机械，应持证上机。

（2）施工机械使用前要做好下面工作，并确认无故障后，方可启动使用：

1）清理好工作台和工作场地周围环境；

2）各部连接螺栓必须牢固，不得有松动现象；

3）要全面检查传动、刹车机构等部分；

4）按照工艺要求，完成各项调整工作；

5) 油路系统要畅通,并加足润滑油(脂);

6) 空运转 3~5min,并检查有无异常情况。

(3) 按说明书规定的范围使用机械,不得超负荷使用,防止发生人身和设备事故。

(4) 电气元件要符合要求,不得受潮和损坏,电气设备接地必须良好。

(5) 施工机械使用中,要随时观察,发现问题要及时停车处理,不得在运转中修理或调整部件。

(6) 施工机械使用完后,应切断电源,并将操作手柄放在零位上。

(7) 多人操作时,应由一人统一指挥、步调一致、动作协调。

(8) 对机械设备要定期检查和维护。

(9) 对机具要正确操作使用,不得任意替代,损坏时,应修复后经鉴定,方可使用。

### 3. 主要加工制作机械

通风与空调系统风管与部件的制作加工,绝大部分工序都实现了机械化。它一方面加快了工程进度,另一方面也提高了工程质量。使用的加工机械种类很多,现主要介绍下面几种:

(1) 剪板机

1) Q11-4×2000 剪板机如图 3-3 所示。这是一种常用的剪板机,它主要由床身、电动机、带轮、离合器、制动器、压料器、挡料器及刀片等组成。剪切操作是由电动机带动带轮、飞轮传动轴再通过齿轮使偏心轮转动,从而使床身上的上刀片上下动作而进行剪切。

2) 使用剪板机的注意要点

(A) 使用前应检查刀口角度及崩牙、卷刃等缺陷,剪刀刃必须保持锐利,其全长直线度不得超过 0.1mm。机械转动后,带动上刀刃空剪 2~3 次,检查走刀、离合器、压板等各部分正

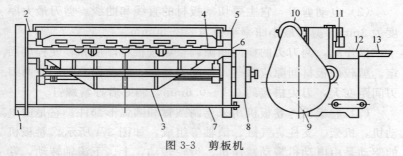

图 3-3 剪板机
1—飞轮带轮防护罩；2—左立柱；3—滑料板；4—压料器；5—右立柱；
6—工作台；7—脚踏管；8—离合器防护罩；9—飞轮带轮防护罩；
10—挡料器齿条；11—电动机；12—平台；13—托料架

常后，方可进行剪切。

（B）压料装置的各个压脚与平台的间隙应一致。更换剪刀以及中间调整剪刀时，上下剪刀的间隙一般以剪切钢板厚度的5％为宜。调整剪刀间隙后，应用手盘动转动机构，检查剪刀有无刮碰。

（C）钢板如有焊疤或氧化皮等易损伤刀刃的杂物时，必须先清理干净，方可剪切。

（D）有咬口的钢板，应尽量避免在剪床剪切，如确需剪切时，应先将咬口凿开。

（E）严禁将薄钢板重叠剪切，也不得同时剪切两项作业。成批剪料时，应先把挡板调到所需要的位置，做出样品，经检查合格后，方可成批剪切。送料时不要用力过猛，避免挡板移动。钢板放好后，不得将手放在剪床压脚下面，也不得在工作台上托住钢板，以免剪切时压伤手。

（F）压脚压不住的板料，如窄板、梢板、不平板等，不得剪切。如剪长料时，应用台架架平。踏动踏板要迅速，避免连续剪切。铅、铝、合金钢板或过硬的钢板，不得随便剪切。

（G）要随时检查离合器的动作灵活性，如操作中发现不灵活，应及时停车加以维修，符合要求后再开车。对机械的各润滑部位，要定期定时加注润滑油（脂），以确保机械的正常运转。

(2) 电动剪刀 它主要切割板材的直线和曲线。剪刀最大厚度为3mm。剪切最小曲率半径为30～50mm。

操作时,两刀刃的横向间隙调整可按板材厚度和软硬程度而定。剪较硬板材间隙应大些。装配刀具时,转动偏心轴,使两刀刃间距变大,刀尖搭接约0.1～0.6mm,调好后拧紧螺钉。

(3) 卷板机 卷板机用来卷制圆管和圆弧形部件。它是由电动机、机架、支柱、气缸、滚轴等组成,如图3-4所示。卷板机的驱动是由电动机带动减速机、齿轮转动,上、下滚轴转动,卷圆的规格由侧轮轴来调整,卷圆完成后,由气缸将滚轴端轴承打开后取出。

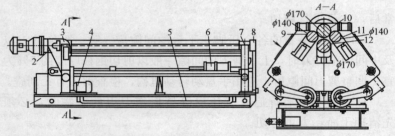

图3-4 卷板机
1—焊接机架;2—转动轴轴颈;3—支柱;4—电动机;5—紧急踏板;6—气缸;7—支柱;8—可放倒的轴承;9—侧滚轴;10—上滚轴;11—侧滚轴;12—下滚轴

使用卷板机应注意下面几点:
1) 使用前,要检查离合器及操作手柄是否灵活、可靠。
2) 卷圆前,板料两端应做出相应圆弧,然后开始卷圆。
3) 卷制钢板时,要根据工件的弯曲半径,逐步调整丝杠顶丝,使钢板缓慢受力,不得一次卷制成。
4) 在卷制过程中,钢板上不得放置其他物品,严禁在钢板上站人或从卷板机上跨越通过。
5) 卷长料时,进料一头应有托辊或抬起配合送料卷圆,用手送料时,不得送至尽头。
6) 在运转过程中,严禁即开反车,必须使其达到终程(停止转动)以后,再使其反方向运转,以免损坏机械。

7) 操作人员必须穿好工作服,不得戴手套,避免衣物和人体卷入。

8) 卷制成形后,必须先松压杠螺栓,然后顶起辊轴,取出制品,以免将轴顶歪。

(4) 螺旋卷管机  它是用来加工圆风管,从而基本实现了圆风管加工机械化作业,常用螺旋卷管机如图 3-5 所示,技术性能见表 3-7。

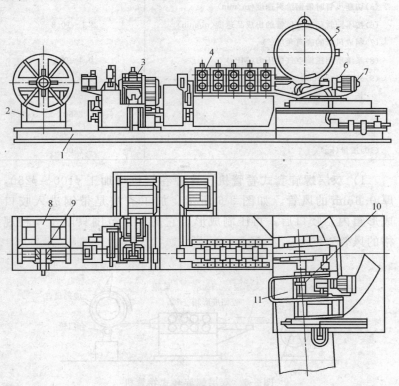

图 3-5  常用螺旋卷管机
1—机架;2—开卷器;3—切断与焊接机构;4—整型机构;
5—成型工作头;6—往复锯机构;7—锯的回转机构;
8—悬臂轴;9—限位销;10—圆锯;11—移动锯

螺旋卷管机的技术性能　　　　　　表 3-7

| 指　　标 | 数　　据 |
|---|---|
| (1) 制成风管的最小外径(mm) | 200 |
| (2) 制成风管的最大外径(mm) | 1800 |
| (3) 制作风管原材料(冷轧黑色) | 或镀锌(带钢) |
| 　带钢宽(mm) | 125,130,135 |
| 　带钢厚(mm) | 0.5～1 |
| (4) 带钢给料速度(m/min) | 30 |
| (5) 切断风管时带钢给料速度(m/min) | 5 |
| (6) 按不同管径制成风管的出成品速度(m/min) | 2.1～10.8 |
| (7) 制成风管的脱离角度(°) | 25 |
| (8) 系统所用压缩空气的压力(MPa) | 0.4～0.6 |
| (9) 外形尺寸(mm) | |
| 　长 | 6000 |
| 　宽 | 2650 |
| 　高 | 1800 |
| (10) 质量(kg) | 2500 |

1) 双层螺旋套式卷管机　这种卷管机可加工 $\phi 100 \sim \phi 250$，厚 0.6mm 的风管。如图 3-6 所示。加工方法是带钢进入咬口成形箱内，咬口后，再压制成形。它的加工范围只限于一种规格的风管。

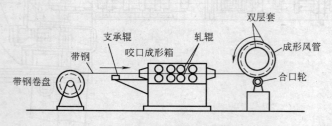

图 3-6　双层螺旋套式卷管机

2) 单层外螺旋套式卷管机　它是在上述卷管机的基础上进行了改进，因而加工用管规格较多，操作也比较方便。如图 3-7

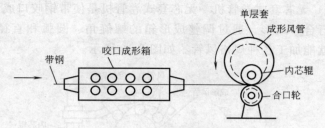

图 3-7　单层外螺旋套式卷管机

所示。

3）内胎式螺旋卷管机　在上述两种卷管机基础上又做了改进，用内胎芯制成风管。但一种规格的内胎芯只能加工一种规格的风管，如图 3-8 所示。

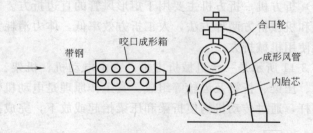

图 3-8　内胎式螺旋卷管机

4）多轴式螺旋卷管机　这种卷管机可加工的风管较多。如图 3-9 所示。

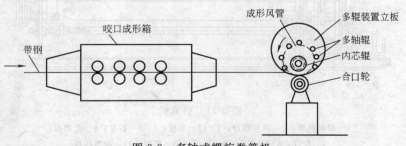

图 3-9　多轴式螺旋卷管机

5）无芯套式卷管机　无芯套式卷管机是使带钢咬口成形后，再进行合口成形。通过调整成形箱的螺旋角、圆弧和直径控制轮，就能加工各种规格风管。如图 3-10 所示。

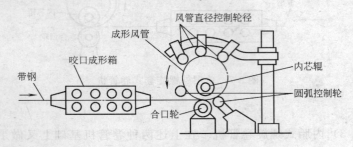

图 3-10　无芯套式卷管机

（5）折方机　折方机主要用于矩形风管的直边折方。它有人工折方和机械折方两种方法，人工折方效率低，体力消耗大。因此，多使用机械折方。

图 3-11 所示是一台机械折方机，它由电动机、机架、立柱、工作台、压梁、折梁及齿轮等组成。其工作原理是电动机带动齿轮、蜗杆，通过传动机构使折梁和压梁抬起或放下，完成折方工

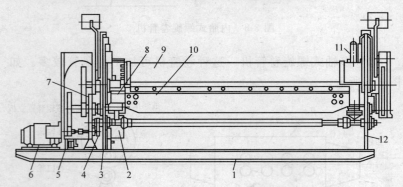

图 3-11　折方机

1—焊制机架；2—调节螺钉；3、12—立柱；4、5—齿轮；6—电动机；
7—杠杆；8—工作台；9—压梁；10—折梁；11—调节压杆

艺。它的技术性能，见表3-8。

折方机的技术性能 表3-8

| 指 标 | 数 据 |
|---|---|
| (1)折方钢板($\sigma_b \leqslant 470MPa$)的最大厚度(mm) | 3 |
| (2)折方钢板长度(mm) | 2000 |
| (3)折弯最大角度(°) | 130 |
| (4)压紧抬起的最大值(mm) | 180 |
| (5)每小时折方数 | 100 |
| (6)电动机 | |
| 功率(kW) | 3.3 |
| 转速(r/min) | 960 |
| (7)外形尺寸(mm) | |
| 长 | 3425 |
| 宽 | 1175 |
| 高 | 1740 |
| (8)质量(kg) | 3100 |

折方机使用前，应使离合器、连杆等部件动作灵活，并经空负荷运转，机械符合使用要求后再使用。加工板长超过1m时，应当由两人以上进行作业，以保证折方的质量。折方时，参加作业人员要密切配合，并与设备保持安全距离，防止钢板碰伤人。

对机械的润滑点，要按时加注润滑油（脂），以使设备保持正常的工作状态。

（6）法兰弯曲机

1）操作前，应检查压杠等是否灵活可靠。压杠的调节，应根据法兰盘直径的大小做出样板标尺。

2）使用时，先转动压杠，升起上压轮，插入角钢，再根据角钢规格以及法兰盘直径，一次调整上、下压轮的间隙，然后开动机械，使其连续动作，卷成角钢法兰。

3）当一根角钢快卷完时，不得用手将料送至尽头，防止压伤手指。如卷制单个法兰，须用钳子夹住角钢。

4）法兰弯曲机的结构，如图3-12所示，技术性能，见表3-9。

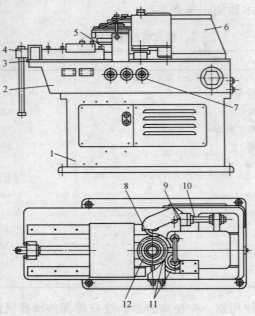

图 3-12 法兰弯曲机

1—机箱；2—机体护板；3—台面；4—螺杆；5—压模；6—轧辊组；7—开关；8—活动弯曲轧辊；9—回转杠杆；10—螺杆；11—固定轧辊；12—法兰

法兰弯曲机技术性能　　　表 3-9

| 指　　标 | 数　据 |
|---|---|
| (1)加工法兰用钢材($\sigma_b \leqslant 450$MPa)的截面尺寸(mm) 扁钢 | $-25\times 4$ |
| 　　　　　　角钢 | $L25\times 25\times 3\sim 36\times 36\times 4$ |
| (2)弯曲轧辊回转速度(r/min) | 50.5 |
| (3)弯曲轧辊的圆周速度(m/min) | 17.5 |
| (4)电动机 | |
| 　功率(kW) | 3 |
| 　转速(r/min) | 1450 |
| (5)外形尺寸(mm) | $1520\times 630\times 1130$ |
| (6)质量(kg) | 1010 |

(7) 矩形风管法兰折边机　图 3-13 所示是一台矩形风管法兰折边机。它是由电动机、机架、减速机、工作轴、凸轮联轴器、支持轴承等组成。它的操作程序是：电动机带动传动轴，轴上扇形轮将法兰周长一边折好，再转动风管，将全部周边折好。法兰折边机的技术性能见表 3-10。

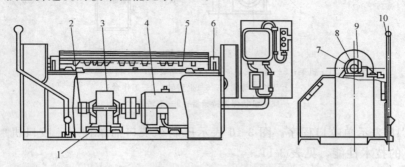

图 3-13　矩形风管法兰折边机
1—焊制机架；2—凸轮联轴节；3—蜗轮减速器；4—电动机；
5—梳形撑板；6—支持轴承；7—工作轴；
8、9—扇形轮；10—手柄

矩形风管法兰折边机技术性能　　　　表 3-10

| 指　　标 | 数　据 |
| --- | --- |
| (1) 加工风管的最大壁厚(mm) | 1 |
| (2) 加工风管截面的最大边长(mm) | 1250 |
| (3) 电动机　功率(kW) | 5.5 |
| 　　　　　　转速(r/min) | 930 |
| (4) 外形尺寸(mm) | 2070×805×835 |
| (5) 质量(kg) | 870 |

(8) 咬口机　图 3-14 所示是一种常用咬口机。它的用途主要是把风管、部件端口压成各类咬口形状，然后进行咬接。咬口机是由电动机、机架、传动装置、转轴、工作台等部件组成。咬口机主要靠上、下凸轮转动装置形成的压力而成形。

由于咬口机上面有 9 对凸轮，它可轧制各类咬口形状。图 3-

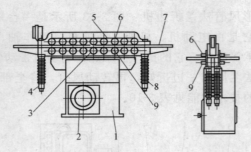

图 3-14　咬口机

1—机架；2—电动机；3—下凸轮传动装置；4—松紧螺母；
5—上凸轮传动装置；6—上转轴；7—工作台；
8—盘状弹簧持紧器；9—下转轴

15 表示单咬口程序。图 3-16 表示压制纵咬口插条程序。咬口机的技术性能，见表 3-11。

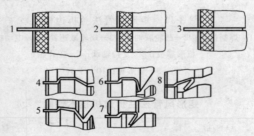

图 3-15　轧制单咬口程序

1～8—程序号（其中前三个序号只起驱动作用不进行咬口加工）

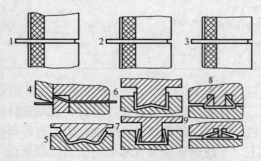

图 3-16　轧制纵咬插条程序

咬口机的技术性能　　　　表 3-11

| 指　标 | 数　据 |
|---|---|
| (1)咬口金属板材的厚度/(mm)($\sigma_0<560MPa$) | 0.5~1.0 |
| (2)咬口速度/(m/s) | 0.17 |
| (3)凸轴回转速度/(r/min) | 36 |
| (4)传动电动机 | |
| 　功率/kW | 2.2 |
| 　转速/(r/min) | 1430 |
| (5)外形尺寸/mm | |
| 　长 | 2210 |
| 　宽 | 680 |
| 　高 | 1215 |
| (6)质量/kg | 1000 |

# 四、通风空调系统管路设计知识

## （一）通风系统管路计算

通风管道是通风系统的重要组成部分，通风管道的作用是输送空气，把符合卫生标准的新鲜空气分配到室内需要的地方，把室内局部地区或设备产生的污浊空气，直接输送到室外或经净化处理后再排到室外。故通风管的设计布置是否合理，将直接影响通风系统的使用效果和经济性。

**1. 空气在管路中的流动**

从流体力学知道，空气沿通风管道流动时会受到两类阻力：因空气和管壁间摩擦所受的摩擦阻力（或称沿程阻力）；因空气流经风管中的某些部件（如弯头、三通、大小头等）、设备（阀件等），或因涡流等原因所受局部阻力。这些阻力将造成气流的能量损失，这种能量损失将以热能的形式反映出来。管道越粗糙，阻力越大，气体黏性越大，则阻力也越大。空气阻力与气流速度的平方成正比。

（1）摩擦阻力　空气沿横截面形状不变的直管流动时所引起的能量损失称为摩擦阻力。摩擦阻力可按下式计算

$$\Delta P_m = \lambda \times v^2 \times \rho \times l \div (4R_s \times 2) \ (\text{Pa}) \quad (4\text{-}1)$$

对于圆形风管，摩擦阻力计算公式可改写为：

$$\Delta P_m = \lambda v^2 \rho l / 2D \ (\text{Pa}) \quad (4\text{-}2)$$

$$R_m = \lambda v^2 \rho / D^2 \ (\text{Pa/m}) \quad (4\text{-}3)$$

式中 $\lambda$——摩擦阻力系数;
  $v$——风管内空气的平均流速（m/s）;
  $\rho$——空气的密度（kg/m³）;
  $l$——风管长度（m）;
  $R_s$——风管的水力半径（m），$R_s = f/P$
  $f$——管道中充满流体部分的横断面积（m²）;
  $P$——湿周，在通风空调系统中即为风管的周长（m）;
  $D$——圆形风管的直径（m）。

摩擦阻力系数 $\lambda$ 与空气在风管内的流动状态和管壁的粗糙度有关。在通风空调系统中，薄钢板风管的空气流动状态大多属于紊流光滑区到粗糙区之间的过渡区。通常，高速风管的流动属于

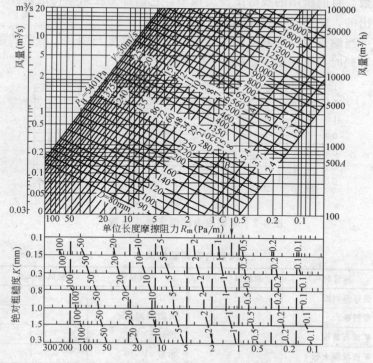

图 4-1 通风管道单位长度摩擦阻力线解图

过渡区。只有管径很小，表面粗糙的砖或混凝土风管内的流动状态才属于粗糙区。计算过渡区摩擦阻力系数的公式很多，下面列出的公式适用范围很大，在目前采用较广泛：

$$1/\sqrt{\lambda}=-2\lg(K/3.710+2.51/R_e\sqrt{\lambda}) \tag{4-4}$$

式中　　$K$——风管内壁粗糙度（mm）；
　　　　$R_e$——雷诺数。其计算方法，可查有关书籍。

在通风管道的设计中，为了简化计算，可根据式（4-3）和式（4-4）制成圆形风管计算表或线解图进行计算。图 4-1 所示为一种线解图，可供计算阻力时使用。只要已知流量、管径、流速、阻力四个参数中的任意两个，即可利用该图求得其余的两个参数。目前所用的线解图种类很多，它们都是在某些特定条件下做出的，使用时必须注意。

当输送空气的温度和风管内表面的粗糙度与图 4-1 给定的条件不同时，可按图 4-2 及表 4-1 进行修正。

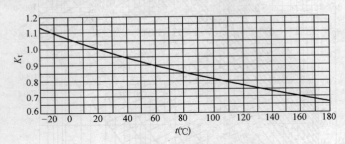

图 4-2　摩擦阻力的温度修正系数 $K_t$

风管内表面粗糙度 $K$　　　　　　　表 4-1

| 风管材料 | 粗糙度（mm） | 风管材料 | 粗糙度（mm） |
|---|---|---|---|
| 镀锌薄钢板 | 0.15～0.18 | 胶合板 | 1.0 |
| 塑料板 | 0.01～0.05 | 砖砌体 93～5 | 3～5 |
| 矿渣石膏板 | 1.0 | 混凝土 11～3 | 1～3 |
| 矿渣混凝土板 | 1.5 | 木板 02～10 | 0.2～1.0 |

上面介绍了圆形断面通风管摩擦阻力计算，对于断面为矩形的通风管道，可利用当量直径的概念，把矩形风管换算成圆形风管，再利用风管单位长度摩擦阻力线解图 4-1 计算矩形风管的摩擦阻力。

当量直径有两种：

等速度当量直径 $D_v = 2ab/(a+b)$ （4-5）

等流量当量直径 $D_L = 1.275\sqrt{\dfrac{a^3 b^3}{a+b}}$ （4-6）

式中，$a$、$b$ 为矩形风道的两个边的尺寸。

【例 4-1】 有一表面光滑的砖砌风管（$K=3$mm），断面尺寸为 500mm×400mm，流量 $L=1\text{m}^3/\text{s}$（3600$\text{m}^3$/h），求单位长度的摩擦阻力。

【解】 在矩形风管内，空气流速 $v=1/(0.5\times 0.4)=5$m/s

矩形风管的流速当量直径：

$D_v = 2ab/(a+b) = 2\times 500 \times 400/(500+400) = 444$mm

以 $v=5$m/s，$D_v=444$mm，$K=3$mm 查图 4-1，得 $R_m = 1.1$Pa/m。

（2）局部阻力　当空气流过断面变化的管件（如各种变径管、风管进出口、阀门），流向变化的管件（弯头）或流量变化的管件（如三通、四通、风管的侧面送、吸风口）时，都会产生局部阻力。

局部阻力按下式计算

$$Z = \zeta v^2 \rho / 2 \text{（Pa）} \quad (4-7)$$

式中　$\zeta$——局部阻力系数。

从式（4-7）的形式可以看出，局部阻力的大小，相当于损失某指定断面处空气动压的倍数。

局部阻力系数 $\zeta$ 值是由实验确定的，有关设计手册中列有常见的局部构件的 $\zeta$ 值。在选择局部阻力系数时，必须注意其所对应的那个断面的流速。

通风系统中的局部阻力占全部系统阻力的比例较大，有时可达80％。因此，设计通风管道时应尽量采取措施减少局部阻力：如吸入口应选用平滑的喇叭口；渐扩管或渐缩管与轴心夹角不宜过大（≤45°），以免气流脱离管壁而形成较大的涡流损失；一般三通分支管与直通管的夹角不宜超过60°（除尘管不宜大于30°）；圆形弯头要适当加大曲率半径以减少气流的冲击和旋转；矩形弯头当安装空间受到限制，不能加大曲率半径时，则应在弯头内装置导流叶片；按照减少涡流区的原则，合理地布置或组合局部构件等等。

**2. 管路计算**

通风管道计算的目的，主要是根据输送的空气量确定风管断面尺寸，确定通风系统的总阻力，然后选择通风机。但是也常遇到在已知作用压力下来确定风管断面尺寸的情况，如阻力平衡计算或在已知通风机风量、风压的情况下的管道计算。

通风管道的计算方法很多，对于一般通风换气的风道，常采用比摩阻法；对于除尘或气力输送管道采用动压法，还有静压复得法，其中用得最多的是比摩阻法。比摩阻法是已知风管中流量和其断面尺寸时，求通风系统总阻力的方法。如不知风管断面尺寸，则可事先选择一定的风速再求出风管断面尺寸，因此这种方法也叫风速选择法。

（1）风道设计原则　风管设计时总的应考虑经济适用的原则。具体讲主要是：1）应尽量设计圆形断面风管，因为它节省材料、送风量大，但它占据空间大。而方形和矩形风管则占空间小，容易布置，比较美观。如对占据空间及美观有要求时，则应采用方形或矩形风管。矩形风管断面的宽高比最好是2.5∶1；2）设计时应通过对不同流速下初投资和运行费用比较，使风管投资和运行费用的总和最经济；3）弯管不宜过多过急，以减少局部阻力损失。圆形弯管的曲率半径尺寸一般为风管直径的1～1.5倍。风管应避免突然扩大和突然缩小，应保持扩大角在20°以下，缩小角在60°以下。

(2) 风道设计步骤　　采用比摩阻法设计风道的步骤是：1) 调查研究，弄清建设单位设计的目的和要求，现场实测排风点，各点排风量等情况；2) 绘制通风系统草图，进行方案比较，确定方案后则应在草图上标明排风点及其排风量，以风量不变为原则划分管段并编号，标明管段长度；3) 根据经济适用原则选择风管内的流速，流速可参考表 4-2、表 4-3，表 4-4；4) 确定最不利环路，计算最不利环路的摩擦阻力和局部阻力，最不利环路即摩擦阻力和局部阻力最大者，在通风系统中一般是管道最长、部件最多者为最不利环路；5) 并联风管（或支管）的阻力计算。按分支节点阻力平衡的原则，确定出并联风管的断面尺寸。要求两分支管的阻力不平衡率，对于除尘系统应小于10％，对于通

一般通风系统中常用空气流速 (m/s)　　表 4-2

| 类别 | 风管材料 | 干管 | 支管 | 室内进风口 | 室内回风口 | 新鲜空气入口 |
|---|---|---|---|---|---|---|
| 工业建筑 | 薄钢板 | 6～14 | 2～8 | 1.5～3.5 | 2.5～3.5 | 5.5～8.5 |
| 机械通风 | | 4～12 | 2～6 | 1.5～3.0 | 2.0～3.0 | 5～6 |
| 民用建筑 | | | | | | |
| 自然通风 | | 0.5～1.0 | 0.5～0.7 | | | 0.2～1.0 |
| 机械通风 | | 5～8 | 2～5 | | | 2～4 |

空调系统中的空气流速 (m/s)　　表 4-3

| | 低速风管 | | | | | | 高速风管 | |
|---|---|---|---|---|---|---|---|---|
| | 推荐风速 | | | 最大风速 | | | 推荐 | 最大 |
| | 居住 | 公共 | 工业 | 居住 | 公共 | 工业 | 一般建筑 | |
| 新风入口 | 2.5 | 2.5 | 2.5 | 4.0 | 4.5 | 6 | 3 | 5 |
| 风机入口 | 3.5 | 4.0 | 5.0 | 4.5 | 5.0 | 7.0 | 8.5 | 16.5 |
| 风机出口 | 5～8 | 6.5～10 | 8～12 | 8.5 | 7.5～11 | 8.5～14 | 12.5 | 25 |
| 主风道 | 3.5～4.5 | 5～6.5 | 6～9 | 4～6 | 5.5～8 | 6.5～11 | 12.5 | 30 |
| 水平支风道 | 3.0 | 3～4.5 | 4～5 | 3.5～4.5 | 4.0～6.5 | 5～9 | 10 | 22.5 |
| 垂直支风道 | 2.5 | 3～3.5 | 4.0 | 3.2～4.5 | 4.0～6.0 | 5～8 | 10 | 22.5 |
| 送风口 | 1～2 | 1.5～3.5 | 3～4.0 | 2.0～3.0 | 3.0～5.0 | 3～5 | 4 | — |

除尘通风管道内的空气流速（m/s）　　　　表 4-4

| 粉尘性质 | 垂直管 | 水平管 | 粉尘性质 | 垂直管 | 水平管 |
|---|---|---|---|---|---|
| 粉状的黏土和砂 | 11 | 13 | 铁和钢 | 19 | 23 |
| 耐火泥 | 14 | 17 | 灰土、砂土 | 16 | 18 |
| 重矿物粉尘 | 14 | 16 | 锯屑 | 12 | 14 |
| 轻矿物粉尘 | 12 | 14 | 大块干木屑 | 14 | 15 |
| 干型砂 | 11 | 13 | 干微尘 | 8 | 10 |
| 煤灰 | 10 | 12 | 染料粉尘 | 14～16 | 16～18 |
| 湿土（2%以下水分） | 15 | 16 | 大块湿木屑 | 18 | 20 |
| 铁钢（尘末） | 13 | 15 | 谷物粉尘 | 10 | 12 |
| 棉絮 | 8 | 10 | 麻 | 8 | 12 |
| 水泥粉末 | 8～12 | 18～22 | | | |

风系统应小于 15%。要使两分支管阻力达到平衡，主要是改变风速及其风管断面尺寸。当不可能通过改变风管断面尺寸来达到两分支管的阻力平衡时，则可采用安装风阀来进行调控；6）计算总阻力；7）根据总阻力选择通风机。

**【例 4-2】** 某车间需要进行除尘，其系统如图 4-3 所示。风管全用钢板制作，粗糙度 $K=0.15mm$，各管段长度、风量如图 4-3 所示。矩形伞形排风罩的扩张角分别为 $30°$ 和 $40°$，布袋除尘器的阻力为 981Pa，系统中空气平均温度为 50℃，要求计算除尘

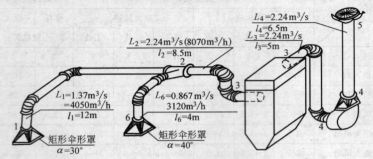

图 4-3　某车间除尘系统示意图

系统的总阻力。

**【解】** (1) 根据各管段的风量和选择的流速,确定各管段的断面尺寸和单位长度摩擦阻力。

在一般情况下,风管长、部件多的环路阻力大。本系统选择管段编号 1—2—3—布袋除尘器—3—4—5 为最不利环路,因此阻力计算从管段 1—2 开始。

管段 1—2:系统中排除的粉尘的重矿物粉尘,参考表 4-4,初步选择管内空气流速 $v_1 = 16\text{m/s}$。根据 $L_1 = 1.37\text{m}^3/\text{s}$ ($4950\text{m}^3/\text{h}$),$v_1 = 16\text{m/s}$,按通风管道统一规格选用管径,确定 $D_1 = 320\text{mm}$。

当 $L_1 = 1.37\text{m}^3/\text{s}$,$D_1 = 320\text{mm}$ 时,查得管内流速 $v_1 = 17.1\text{mm/s}$;

单位长度摩擦阻力 $R_m = 10\text{Pa/m}$;同理查得管段 2—3、3—4、4—5、6—2 的管径和 $R_m$ 见表 4-5。

(2) 计算各管段的摩擦阻力和局部阻力

管段 1—2:摩擦阻力部分:风管内的空气温度 $t = 50\text{℃}$,查图 4-2,摩擦阻力温度修正系数为:$K_1 = 0.92$。

摩擦阻力 $\Delta P_{m1} = R_m L_1 K_1 = 10 \times 12 \times 0.92 = 110\text{Pa}$

局部阻力部分(局部阻力系数请查通风工程设计手册):

矩形伞形排风罩 $\alpha = 30°$,查局部阻力系数表得:$\zeta = 0.10$;弯头(两个) $\alpha = 90°$,$R/D = 1.50$,查表得 $\zeta = 0.23$,$2\zeta = 2 \times 0.23 = 0.46$;合流三通(图 4-4) $\alpha = 30°$。

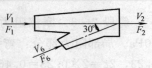

图 4-4 30°合流三通

根据 $F_1 + F_0 \approx F_2$,$F_6/F_2 = (D_6/D_2)2 = (260/420)2 = 0.38$,$L_6/L_2 = 0.867/2.24 = 0.4$,由以上三条件查得:直管部分 $\zeta = 0.30$,空气温度为 50℃时的密度。

$$\rho_{50} = \rho_0 T_0/T = 1.293 \times 273/(273 + 50) = 1.09\text{kg/m}^3$$

局部阻力 $Z_1 = \sum \zeta v^2 \rho/2 = (0.1 + 0.46 + 0.3) \times 17.1 \times 17.1 \times 1.09/2 = 137\text{Pa}$

管道阻力计算表　　　　　　　　表 4-5

| 管段编号 | 风量 | 管长 L | 初选流速 v | 矩形风管尺寸($a \times b$) | 当量直径 | 实际流速 v | 单位长度摩擦阻力 R |
|---|---|---|---|---|---|---|---|
| | $m^3/s$ | m | m/s | mm | mm | m/s | Pa/m |
| 1—2 | 1.37 | 12 | 16 | | 320 | 17.1 | 10 |
| 2—3 | 2.24 | 8.5 | 16 | | 420 | 16.1 | 6.4 |
| 布袋除尘器 | | | | | | | |
| 3—4 | 2.24 | 5 | 16 | | 420 | 16.1 | 6.4 |
| 4—5 | 2.24 | 6.5 | 16 | | 420 | 16.1 | 6.4 |
| 6—2 | 0.867 | 4 | 16 | | 260 | 16.3 | 12 |

| 管段编号 | 摩阻温度修正系数 | 摩擦阻力 $P_m$ (Pa) | 动压 $v^2\rho/2$ (Pa) | 局部阻力系数 | 局部阻力 $Z$(Pa) | 管段总阻力 $\Delta P = P_m + Z$ (Pa) | 管路累计阻力 $\sum \Delta P$ (Pa) | 备注 |
|---|---|---|---|---|---|---|---|---|
| 1—2 | 0.92 | 110 | 159 | 0.86 | 137 | 247 | | |
| 2—3 | 0.92 | 50 | 141 | 0.46 | 65 | 115 | | |
| 布袋除尘器 | | | | | 981 | 981 | 1822.1 | 阻力平衡后管径 $D_6$ = 240mm |
| 3—4 | 0.92 | 29.4 | 264 | 0.1 | 89.2 | 118.6 | | |
| 4—5 | 0.92 | 38.3 | 141 | 1.3 | | | | |
| | | | 527 | 0.26 | 320 | 358.3 | | |
| 6—2 | 0.92 | 44 | 145 | 0.79 | 115 | 159 | | |

管段 2—3：摩擦阻力 $\Delta P_{m2} = R_{m2} l_2 R_t = 64 \times 8.5 \times 0.92 = 50 Pa$。局部阻力部分：弯头（两个）$\alpha = 30°$，$R/D = 1.50$，$\zeta = 0.23$，$2\zeta = 2 \times 0.23 = 0.46$；

局部阻力：$Z_2 = \sum \zeta v^2 \rho / 2 = 0.46 \times 16.1 \times 16.1 \times 1.0/2 = 65 Pa$

管段 3—4：摩擦阻力 $\Delta P_{m3} = R_{m3} l_3 R_3 = 6.4 \times 5 \times 0.92 = 29.4 Pa$；

局部阻力部分：管段 3—4 的局部阻力包括两个弯头和风机进口处变径管的阻力。弯头的阻力与管段 2—3 计算的结果相同，下面确定变径管的断面尺寸和阻力。

要确定变径管的断面尺寸,先要确定风机进口的尺寸。根据经验,初步选择7—40—11No6 风机,查得其进口直径为360mm,从而确定了该变径管为渐缩管。渐缩管的断面尺寸及长度(取360mm)如图 4-5 所示。

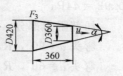

图 4-5 渐缩管

因 $\mathrm{tg}(\alpha/2)=(420-360)/2\times 360=0.083$,则 $\alpha\approx 10°$,查得 $\zeta=0.1$(对应小头流速);

渐缩管收缩断面的流速 $v=2.24/(\pi\times 0.36\times 0.36/4)=22\mathrm{m/s}$。

局部阻力 $Z_3=65+0.1\times 22\times 22\times 1.0/2=89.2\mathrm{Pa}$

管段 4—5:摩擦阻力 $\Delta P_{m4}=R_{m4}l_4 K_4=6.4\times 6.5\times 0.92=38.3\mathrm{Pa}$

局部阻力部分:风机出口变径管:由风机出口尺寸为 200mm×360mm,管段 4—5 的管径为 420mm 得知,该变径管为渐扩管。渐扩管断面尺寸及长度(取 400mm),如图 4-6 所示。

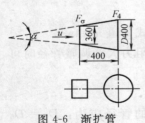

图 4-6 渐扩管

当 $F_4/F_0=\dfrac{\pi\times 0.42\times 0.42}{4}/(0.36\times 0.2)=1.92$

($F_0$——风机出口断面面积)

$\tan(\alpha/2)=(420-200)/2\div 400=0.275$,则 $\alpha\approx 31°$,查得 $\zeta=0.26$(对应小头流速),风机出口流速 $v=2.24/0.2\times 0.36=31.1\mathrm{m/s}$。

带倒锥体伞形风帽:取 $h/D=0.5$,查得 $\zeta=1.30$。

局部阻力 $Z_4=\sum(\zeta v^2\rho/2)=0.26\times(31.1\times 31.1\times 1.09/2)+1.3\times(16.1\times 16.1\times 1.09)/2=0.26\times 527+1.3\times 141=137+183=320\mathrm{Pa}$

管段 6—2:摩擦阻力 $\Delta P_{m6}=R_{m6}l_6 R_t=12\times 4\times$

$0.92 = 44\text{Pa}$

局部阻力部分：矩形伞形排风罩：$\alpha=40°$，查得：$\zeta=0.12$
弯头 $\alpha=90°$，$R/D=1.5$，查得 $\zeta=0.23$；
弯头 $\alpha=60°$，$R/D=1.5$，查得 $\zeta=0.8\times0.23=0.18$
三通支管：根据管段 1—2 中合流三通的计算条件查得 $\zeta=0.26$。

局部阻力 $Z_6 = \sum \zeta v^2 \rho/2 = (0.12+0.23+0.18+0.26) \times 16.3 \times 16.3 \times 1.09/2 = 0.79 \times 144.8 = 115\text{Pa}$

(3) 对并联管路进行阻力平衡，计算系统总阻力

管段 1—2 阻力 $\Delta P_1 = \Delta P_{m1} + Z_1 = 110 + 137 = 247\text{Pa}$
管段 6—2 阻力 $\Delta P_6 = \Delta P_{m6} + Z_6 = 44 + 115 = 159\text{Pa}$
则：$(\Delta P_1 - \Delta P_6)/\Delta P_1 = (247-159)/247 = 35.6\%$

两支管压力差已超过 10%，应调整管径，重新计算。下面介绍调整管径平衡阻力的方法。

通过风道中阻力与管径的关系为摩擦阻力 $\Delta P_{moc} = (1/D)^3$
局部阻力 $Z_{oc} = (1/D)^4$
风管总阻力 $\Delta P = \Delta P_m + Z$，因 $\Delta P_{oc} = (1/D)^n$，则 $(D/D')^n = (\Delta P/\Delta P')$，即 $D' = D(\Delta P/\Delta P')$

由摩擦阻力和局部阻力与管径的关系式知道 $n=4\sim5$。

在通风系统中，局部阻力一般比摩擦阻力大，调整管径时可用下式计算 $D' = D(\Delta P'/\Delta P)^{0.225}$

$\Delta P$、$\Delta P'$——调整前、后的阻力。

为了使两支管阻力平衡，管段 6—2 的管径应为：$D_6' = D_6(\Delta P/\Delta P') = 235\text{mm}$

同时，管段 6—2 与三通支管（$D_6=260\text{mm}$）间加一变径短管连接（即原定三通管径不变）。

如按通风管道统一规格取 $D_6' = 240\text{mm}$ 的经验算，不平衡压力差仍在允许范围内。

系统总阻力就是管段 1—2—3—4—5 组成的环路与布袋除尘器阻力之和。

即：
$$\Delta P = \sum \Delta P_m + \sum Z = \sum(\Delta P_m + Z)$$
$$= (110+137)+(50+65)+981+(29.4+89.2)+(38.3+320)$$
$$= 18219 Pa$$

以上计算过程，目的是为了说明计算方法。在实际工作中，可按"管道阻力计算表"（表4-5）的形式进行。

## （二）洁净室计算

中级通风工中对空气净化的目的及术语、空气洁净度等级、空气净化系统、空气净化的主要设备做了简要介绍。本节对洁净室的计算做以下讲述。

**1. 洁净室形式的确定**

在满足工艺要求的条件下，尽可能缩小洁净室的面积，能改建或扩建满足要求的，就不要新建洁净室。尽量采用局部净化方式，当只用局部净化方式不能满足工艺要求时，可采用局部净化与全面净化相结合的方式或采用全面净化的方式。

通过空气净化及其他综合措施，使室内整个工作区成为洁净空气环境称全面净化；仅使室内的局部工作区或特定的局部空间成为洁净空气环境称局部净化。

洁净室的形式：按气流组织可分为平行流形和乱流形两类；按构造分为整体式、装配式和局部净化式三类。

根据工艺要求，采用土建式围护结构，有坚固的外墙和隔墙，并进行一定的室内装修，构成一个或若干个房间，一般采用集中送风、全面净化或全部净化与局部净化结合的洁净室称整体式洁净室。

由风机过滤机组、洁净工作台、空气自净器、照明灯具等设备中的一部分或全部，与拼装式壁板、顶棚、地面等预制件，在现场拼装成形。当配置温、湿度处理装置时，可构成装配式空调洁净室。

局部净化形式只在局部空间保持要求的洁净度。它是在一般空调房间内，对局部空间实行空气净化；或在低洁净度的洁净室内，对局部区域实现较高洁净度的空气净化，称局部净化与全面净化相结合的方式。

**2. 洁净室的计算**

（1）计算方法

1）高效空气净化系统的乱流洁净室：当已知室内含尘浓度求换气次数 $n$ 时，按式（4-8）及式（4-9）计算

$$n = An_1 \text{（次/h）} \tag{4-8}$$

式中　$A$——参照实测结果，并考虑尘粒在空气中的不均匀分布的修正系数，查表 4-6；

　　　$n_1$——换气次数的理论计算值（次/h）；

$$n_1 = 60G \times 10^{-3} / \{N[1-S(1-\alpha_h)] - M(1-S) \times (1-\alpha_x)\} \tag{4-9}$$

　　　$N$——已知的正常操作状态下的室内含尘浓度（粒/L）；

　　　$M$——大气含尘浓度（粒/L）；

　　　$G$——正常操作状态下室内单位容积发尘量 [粒/(m³·min)]；

　　　$\alpha_x$——新风通路上过滤器对 $\geqslant 0.5\mu m$ 尘粒的计数总效率，用小数表示；

　　　$\alpha_h$——回风通路上过滤器对 $\geqslant 0.5\mu m$ 尘粒的计数总效率，用小数表示；

　　　$S$——回风量对送风量的比值。

当已知室内换气次数和室内含尘浓度 $N$ 时，按式（4-10）、式（4-11）计算：

$$N = BN_t \tag{4-10}$$

式中　$B$——参照实测结果，并考虑尘粒在空气中不均匀分布的修正系数，查表 4-6；

　　　$N_t$——室内含尘浓度的理论计算值（粒/L）；

$$N_t = \{60G \times 10^{-3} + M_n(1-S)(1-\alpha_x)\} / n[(1-S)(1-\alpha_h)] \tag{4-11}$$

$n$——已知的换气次数（次/h）。

为了便于计算，根据上述理论计算公式和实际使用条件，绘制成室内含尘浓度和换气次数关系曲线图图 4-7。图中 $\alpha_c$ 为粗过滤器效率；$\alpha_z$ 为中间过滤器效率；$\alpha_c + z$ 为粗过滤和中间过滤器的总效率；$\alpha_m$ 为末级过滤器效率。计算中所用的各级过滤器效率均以小数表示。在一般情况下，$n_1$ 和 $n_2$ 可以由该图查得。

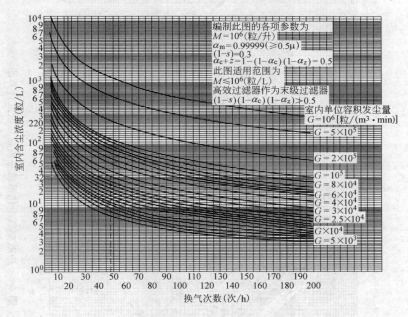

图 4-7　高效空气净化系统室内含尘浓度和换气次数计算图

由式（4-8）求得换气次数 $n$ 值，不应小于由热、湿负荷和新风量计算出来的结果。

说明：上述公式是基于尘粒的均匀扩散理论推导出来的，而 $A$ 和 $B$ 是分别由实测数据绘制的曲线确定的，又由于测定精度和测定次数的限制，所以不能用 $A$ 或 $B$ 既做正运算（如由 $N$ 计算 $n$），又做反验算（即再由求得的 $n$ 计算 $N$），因为这样做将产生一定的误差，但误差一般不超过 10%。

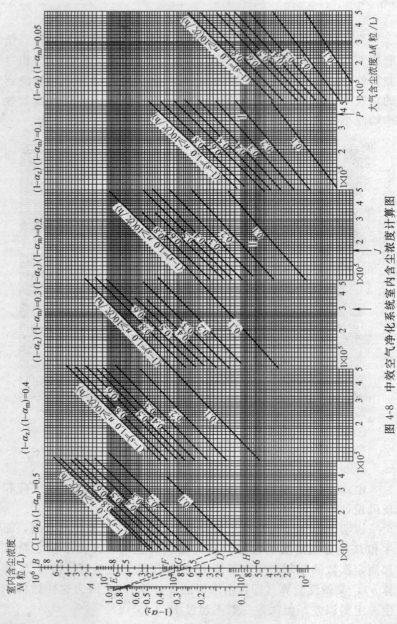

图 4-8 中效空气净化系统室内含尘浓度计算图

2) 中效空气净化系统的乱流洁净室：室内含尘浓度和过滤器效率由式（4-11）计算，或当"$n>10$ 次/h，$q<0.5$ 人/m²"时，由图 4-8 查算，不加修正。换气次数由热、湿负荷和新风量的要求确定，若小于 10 次/h，采用 10 次/h。

3) 平行流洁净室：可参考有关表推荐的气流流过房间截面的速度，计算送风量和换气次数。

(2) 几个计算参数的确定

1) 大气含尘浓度 $M$：对于高效空气净化系统，当 $M$ 在 $10'$ 粒/L 以下变化时，对室内含尘浓度的影响可以忽略不计；对于中效空气净化系统，室内含尘浓度正比于 $M$ 而变化。一般情况下大气含尘浓度不超过以下数值：

工业城市内　　　　　　　$M \leqslant 3 \times 10^5$ 粒/L

工业城市郊区　　　　　　$M \leqslant 2 \times 10^5$ 粒/L

非工业区或农村　　　　　$M \leqslant 1 \times 10^5$ 粒/L

计算时即按洁净室所在地区类别确定 $M$ 值。若当地有大气尘的实测统计数据，则按实测数据确定 $M$ 值。

2) 室内单位容积发尘量 $G$ [粒/(m³·min)]：在洁净室正常维护管理和工作人员身着洁净工作服时的一般操作状态下，$G$ 按工作人员密度 $q$（人/m²）由图 4-9 查得。当发尘规律和发尘量特殊时，要按实际情况确定 $G$ 值。

3) 对于 $\geqslant 0.5 \mu m$ 尘粒的过滤效率 $\alpha$：对于高效过滤器，可

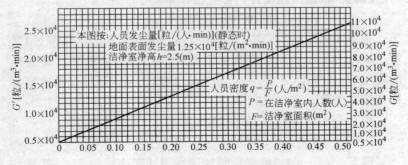

图 4-9　洁净室单位容积发尘量计算图

按 $\alpha=0.99999$ 考虑。

对于目前使用的玻璃纤维中效过滤器，可按 $\alpha_z=0.4\sim 0.5$ 考虑；中细孔泡沫塑料中效过滤器，可按 $\alpha_z=0.3\sim 0.4$ 考虑；对于粗孔泡沫塑料过滤器，可按 $\alpha_c=0.1\sim 0.2$ 考虑。

若有实际过滤效率鉴定结果，则应采用鉴定数据。

(3) 乱流洁净室计算步骤

1) 计算洁净室的人员密度 $q$；
2) 根据 $q$ 查图 4-9，得室内单位容积发尘量 $G$；
3) 根据 $G$ 和已知的室内含尘浓度 $N$（或已知的换气次数 $n$）查图 4-7，求得 $n_1$（或 $N_1$）；
4) 再根据 $q$ 查图 4-8 得 $G'$，由表 4-6 算出 $A$（或 $B$）值；

修正系数 $A$ 和 $B$  表 4-6

| $n'=n/G'\times 10$ | $A$ | $N'=n/G'\times 10$ | $B$ |
|---|---|---|---|
| ≤60 | $1+0.1\times 60/n'$ | ≤60 | $1+0.14\times 60/n'$ |
| >60 | $60/n'+0.15$ | >60 | $60/n'$ |

5) 按式 (4-8) 或式 (4-10) 求得室内换气次数（或室内含尘浓度）。

【例 4-3】 某乱流洁净室，末级过滤器是高效过滤器，新风比 25%，$F=10\text{m}^2$，三人工作，室内含尘浓度要求达到 220 粒/L，求需要的换气次数。

【解】 根据所述条件，可查图计算，

$$q=3/10=0.3 \text{（人/m}^2\text{）}$$

查图 4-9 得 $G=6.5\times 10^4$ 粒/(m³·min) 和 $G'=1.7\times 10^4$ 粒/(m³·min)；由图 4-7 纵坐标 $N=220$ 粒/L 处引平行横坐标的线与 $G=6.5\times 10^4$ 粒/(m³·min) 曲线相交，即可在横坐标上得到换气次数 $n_1$ 为 18 次/h。

则 $n'=(n_1/G')\times 10^4=18/1.7=10.6\leqslant 60$（次/h）

$A=1+0.1\times 60/n'=1+0.1\times 5.7=1.57$

则 $n=An_1=1.57\times 18=28$（次/h）

# 五、金属风管及部件展开放样的方法

## （一）划线工具

通风工进行展开下料常用的划线工具（图5-1）及用途如下：

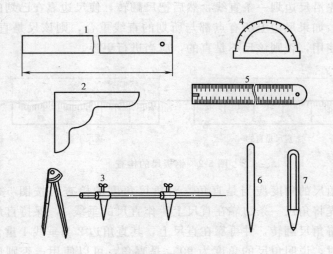

图 5-1 常用的划线工具
1—钢板直尺；2—角尺；3—划规、地规；4—量角器；
5—1m长不锈钢钢板尺；6—划针；7—样冲

(1) 不锈钢钢板尺——长1m，用来度量直线长度和划线用。
(2) 钢板直尺——长2m，用以划直线。
(3) 角尺——用来划垂直线或平行线，并可测量配件两平面是否垂直。

（4）划规、地规——用来截取线段、划圆、划弧线等。

（5）量角器——用来测量和划分角度。

（6）划针——用以在板材上划线。一般用中碳钢制成，其端部磨尖。

（7）样冲——用高碳钢锻制而成，尖端磨成60°角。用来在板材上冲点作记号，为圆规画圆或画弧定心，钻孔时打中心点，以免偏心。

为了准确地划线，所有的工具应保持清洁和精确度，对于划规及划针，端部应保持尖锐度，否则划线太粗，误差太大。

钢板尺的边一定要直，使用前可按图5-2所示方法进行检查。先沿尺边划一条直线，然后把尺翻转，使尺边靠在已划的直线上，如果尺边上所有点都与所划的直线重合，则该尺是直的，可以使用，否则该尺不是直的，应当进行更换。

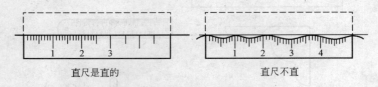

图 5-2 钢板尺的检查

角尺的角度应当是直角。对角尺角度的检查可按图5-3进行。先将角尺一条边靠在直尺上，作直尺的垂线1，保持直尺不动，将角尺翻转，并再靠在直尺上，其直角边2与垂线1重合或平行时，说明角尺的角度为90°，是直角，可以使用，否则该尺

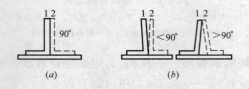

图 5-3 角尺的检验

的角度不是直角，不能使用。应当进行修正或更换。

## （二）基本作图方法

划线是通风管道及部件放样过程中的一个基本技能，正确熟练地进行划线，对节约原材料，提高劳动生产率，保证产品质量十分重要。

**1. 划直线**

划直线的基本操作方法是按要求正确放置钢板直尺，左手压紧直尺不要松动，右手握紧划针，并向右倾斜成45°左右，划针端部紧靠直尺，缓慢均匀地从左至右移动，划出所需直线。

**2. 划圆**

划圆的基本操作方法是：按要求确定圆心位置，并用样冲定位，用划规或地规在钢板尺量取圆的半径，使划规或地规一端尖部置于圆心，压紧此端不得松劲，另一端接触板材平面，转动划规或地规一圈便划出圆形，最后用钢板尺检查所划圆形的直径是否与要求一致。

**3. 直线的等分**

直线的等分可用作图法实现，如图 5-4 所示。作直线 $AC$，可与已知直线 $AB$ 成任意角度，再在 $AC$ 上截取 $1'$、$2'$、$3'$、$4'$、$5'……n$ 个等分，连接 $5'B$，再从 $AC$ 上各截取点作 $5'B$ 的平行线，得出 1、2、3、4、5……各点，这样直线 $AB$ 即被分成 $n$ 个等分。

**4. 划垂直平分线**

划垂直平分线的方法如图 5-5 所示。分别以已知直线 $AB$ 的两端为圆心，以大于 $\frac{1}{2}AB$ 的长度为半径，在直线两侧作圆弧，

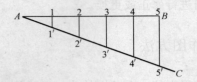
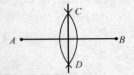

图 5-4　直线的等分　　　　　　图 5-5　垂直平分线作法

得交点 $C$、$D$。连接 $CD$，即为 $AB$ 的垂直平分线。

### 5. 划平行线

划平行线有切线法和等距离法。用切线法划平行线如图 5-6 所示。在已知直线上任意取 $A$、$B$ 两点为圆心，以适当距离为半径，作两圆弧，再作这两弧的外公切线 $CD$。$CD$ 线即与 $AB$ 线相平行。

用等距离法划平行线如图 5-7 所示。在已知直线上任意取 $A$、$B$ 两点，过 $A$、$B$ 两点作已知线的垂线 $AD$、$BC$，并使其长度相等，连接 $D$、$C$ 两点所得的线段，即为已知线段 $AB$ 的平行线。

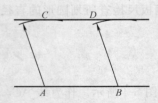
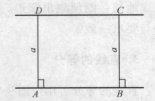

图 5-6　用切线法划平行线　　　　图 5-7　用等距离法划平行线

### 6. 划角平分线

划角平分线的作法如图 5-8 所示。先以 $O$ 为圆心，任意长为半径作弧，与角的两边线交于 $A$、$B$ 两点。再分别以 $A$、$B$ 两点为圆心，大于 $1/2AB$ 的长度为半径，作弧交于 $C$ 点，连接 $OC$，则 $OC$ 即为此角的平分线。

### 7. 作直角线

在展开放样中，直角通常是用来检验钢板材料是否规矩（俗称规方），以及检验所划的垂直线和角度是否正确，作直角线常用的方法有三规法、半圆法、勾股弦法等。

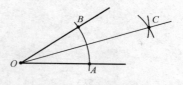

图 5-8　角平分线作法

三规法如图 5-9 所示。以直线 $AB$ 的任意点 $O$ 为圆心，以任

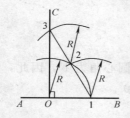

图 5-9　三规法划直角线

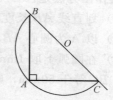

图 5-10　半圆法划直角线

意长为半径，作圆弧找出 1 点，以 1$O$ 为半径，分别以 1、$O$ 两点为圆心，作弧交于 2 点，连接 1、2 两点并延长，在此线上取 2—3 等于 1—2，得出点 3，连接 $O$、3 两点并延长得 $OC$ 线，此线与 $AB$ 线垂直，即构成直角线。

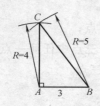

图 5-11　勾股弦法划直角线

半圆法如图 5-10 所示。以线段 $BC$ 为直径作半圆弧，在半圆弧上任意取一点 $A$，分别连接 $A—B$ 和 $A—C$，所划的线段即构成相互垂直的直角线。

勾股弦法如图 5-11 所示。作线段 $AB$，使其长度等于 3，再以 $B$ 点为圆心，半径为 5 划弧与以 $A$ 点为圆心，半径为 4 划弧相交于 $C$ 点，连接 $A$、$C$ 点，即为线段 $AB$ 的垂线。

### 8. 作任意角

作任意角可采用图 5-12 所示的近似方法，如需作一角等于

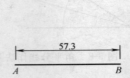 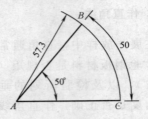

图 5-12　用近似法作任意角

$50°$，其作图方法是：

(1) 划直线 $AB$ 长度等于 $57.3\text{mm}$；

(2) 以 $A$ 为圆心 $AB$ 为半径划圆弧；

(3) 在圆弧上取 $1\text{mm}$ 的弧长所对的圆心角为 $1°$，因此，截取圆弧 $BC$ 等于 $50\text{mm}$，则 $\angle CAB$ 即为 $50°$。

## 9. 画弧

经过任意三点划弧的方法如图 5-13 所示。已知 $A$、$B$、$C$ 为任意三点，经过该三点划弧的方法是：

(1) 分别连接 $A$、$B$ 和 $B$、$C$；

(2) 作 $AB$ 和 $BC$ 的垂直平分线，并交于 $O$ 点；

(3) 以 $O$ 点为圆心，并以 $O$ 点到 $A$、$B$、$C$ 三点中任何一点的直线距离为半径划出弧线，即经过 $A$、$B$、$C$ 三点。

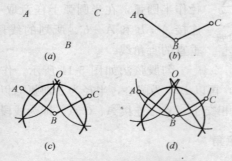

图 5-13　经任意三点划弧

**10. 直线的圆弧连接**

展开放样过程中，有时需要用圆滑的弧线连接相邻线段，这种用圆弧线连接相邻两线段的作图方法称为圆弧连接。

圆弧连接的实质，就是要使连接圆弧与相邻线段相切，以实现线段的光滑连接。

圆弧与钝角、锐角和直角的连接作图方法如图 5-14 所示。

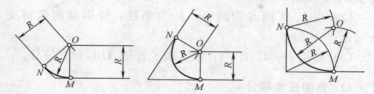

图 5-14　直线间的圆弧连接

其基本步骤为：首先求作连接弧圆心，它应满足到两被连接线段的距离均为连接弧半径的条件，然后找出连接点，即连接弧与已知线段的切点，最后在两线段连接点之间划出连接圆弧。

用圆弧连接钝角、锐角两边的方法：

（1）作与已知角两边分别相距为 $R$ 的平行线，交点 $O$ 即为连接弧圆心；

（2）自 $O$ 点向已知角两边作垂线，垂足 $M$、$N$ 即为连接点；

（3）以 $O$ 为圆心，$R$ 为半径，在 $M$、$N$ 之间划出连接圆弧。

用圆弧连接直角两边的方法：

（1）以角顶为圆心，$R$ 为半径划弧，交两直角边于 $M$、$N$；

（2）以 $M$、$N$ 为圆心，$R$ 为半径划弧，相交得连接弧圆心 $O$；

（3）以 $O$ 为圆心，$R$ 为半径，在 $M$、$N$ 之间划出连接圆弧。

**11. 三等分直角**

三等分直角 $ABC$ 的作图方法如图 5-15 所示，其方法是：

（1）以 $B$ 点为圆心，适当长度 $R$ 为半径划圆弧，交直角两

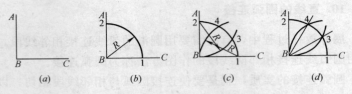

图 5-15 三等分直角

边于 1、2 两点；

（2）以 1、2 两点为圆心，R 为半径，分别画两弧得交点 3、4；

（3）连接 B—3、B—4，便实现了直角 ABC 的三等分。

## 12. 角的任意等分

将任意角"∠"AOB 五等分，其方法如图 5-16 所示。

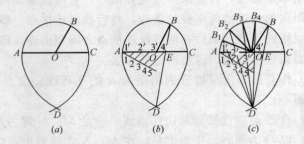

图 5-16 角的任意等分

以 $O$ 为圆心，任意长（设 $AO$）为半径，作半圆交 $AO$ 延长线于 $C$，再分别以 $A$、$C$ 为圆心，$AC$ 为半径作弧，两弧相交于 $D$（图 5-16$a$）。

连 $DB$ 交 $AC$ 于 $E$，五等分 $AE$，得等分点 $1'$、$2'$、$3'$、$4'$ 各点（图 5-16$b$）。

连 $D1'$、$D2'$、$D3'$、$D4'$，并延长，分别交圆弧于 $B_1$、$B_2$、$B_3$、$B_4$，连 $B_1O$、$B_2O$、$B_3O$、$B_4O$，即可将 $\angle AOB$ 五等分（图 5-16$c$）。

### 13. 圆的等分

（1）**圆的 2、4、8、16、32……等分**　通过圆心引出直径，就把圆周分为二等份。如果需要把圆周分为 4、8、16、32……等份，首先引两个相互垂直的直径，就把圆周分成 4 等份，然后把每一等份依次二等份，即可得出圆周的 8、16、32……等分。

（2）**圆的六等分和三等分**　圆周的六等分一般采用半径截分法，如图 5-17 所示。以圆的半径从圆周的任意点开始截分圆周，即可把圆周截成六等份，截点分别为 A、A′、B、B′、C、C′，而 A、B、C 三点则把圆周三等分。按上述（1）的方法，即得圆周的 12、24、48……等分。

把圆周分为三等份的另一种方法是二心分三法，如图 5-18 所示。作任意圆和它的直径 AB，以 B 点为圆心，BO 为半径划弧，交圆周于 C、D 两点，这样，A、C、D 三点即将圆周分为三等份。

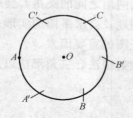

图 5-17　圆周六等分

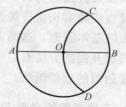

图 5-18　圆周三等分

（3）**圆的五等分**　圆的五等分方法如图 5-19 所示。先找出

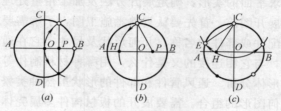

图 5-19　圆的五等分

半径的中点 $P$（图 5-19a），以 $P$ 为圆心，$PC$ 长为半径划弧交直径于 $H$ 点（图 5-19b），以 $CH$ 弦长为半径即可将圆周截为五等份（图 5-19c）。

## （三）画展开图的基本方法

在通风工程中，风管、配件及部件都具有一定的几何形状和外形尺寸，必须用展开图的方法求出各部分的尺寸后，才能进行制作加工。

所谓展开图法，是用作图的方法将需要用金属板料制作的通风管道、管件和部件，按其表面的真实形状和大小，依次展开并摊在金属或非金属的平面上画成图形，亦称放样。展开图法是通风工下料加工的技术基础，是通风工必须掌握的基本技能。展开图是否正确，直接影响到通风管件质量和材料的利用率。

为了画好展开图，应该掌握直线、平面投影的规律，能够求出一般位置直线的实长、平面的实形及两面之间的夹角。会求一般位置直线的实长是作展开图的关键问题，会求平面的实形是作展开图的基本问题，这两者是画好展开图的重要因素。

画展开图的方法有：平行线法、放射线法、三角形法以及不可展开曲面的近似画法。

**1. 画展开图的步骤**

画展开图的基本步骤是：熟悉图纸，形体分析，求任意直线的实长和求平面的实形，确定展开方法及加工裕量处理等。

在画展开图前，首先要认真熟悉施工图，了解需要画展开图的管件、配件或部件的名称，几何形状及尺寸，它在通风系统的具体部位，与它相连接的又是什么，用哪种材料制作等等。

（1）形体分析　通风管件和部件的形状虽然种类繁多，但多是一些几何图形的组合。需要展开的板材构件多属壳体，由于壳体的类型不同，其展开方法也不同。因此，对形体的分析，便是一个把复杂几何图形分解成简单几何图形的过程,通过分解,便能找到正确的展开方法。

形成物体外形最基本的线条,叫素线。有什么样形状和规律的素线,就形成什么样的物体,如球体的素线是个半圆线条,绕轴旋转一周即形成一个球体;圆柱和棱柱的素线是互相平行的直线,按照其端口形状,平行线平行移动就形成圆柱体和棱柱体;圆锥体和棱锥体的素线是由锥顶向端口放射的直线。

壳体主要有平面壳体和曲面壳体两种。

1) 平面壳体 表面由一组平面组成的壳体称为平面壳体。平面壳体主要有棱柱形壳体和棱锥形壳体。棱柱形壳体的棱线彼此平行,棱锥形壳体的棱线如果延长则会交于一点。如图 5-20 所示。根据棱的多少,棱柱形壳体又分为三棱柱形、四棱柱形……,棱锥形壳体又分为三棱锥形、四棱锥形等壳体。

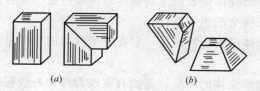

图 5-20 平面壳体
(a) 棱柱形壳体;(b) 棱锥形壳体

底口为正多边形,棱垂直于底口平面的棱柱形壳体,称为正棱柱壳体。

底口为正多边形,且锥顶点投影与底口正多边形中心重合的棱锥形壳体,称为正棱锥形壳体,锥顶点投影与底口正多边形不重合的棱锥形壳体,称为斜锥形壳体。

实际工程中,四棱柱体、四棱锥体,尤其是正四棱柱体、正四棱锥体等壳体及其截体应用较广。

2) 曲面壳体 表面为曲面或曲面、平面兼有的壳体称为曲面壳体。曲面壳体可分为旋转壳体和非旋转壳体。旋转壳体又可分为圆柱形、球形、正圆锥形壳体,如图 5-21 所示。非旋转体

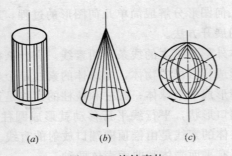

图 5-21 旋转壳体
(a) 圆柱形表面壳体；(b) 正圆锥形表面壳体；(c) 球形壳体

可分为斜圆锥形、椭圆形、不规则曲面壳体。

圆柱形壳体侧表面及其截体的投影特征，是各素线在不同投影面内的投影彼此平行或积聚成圆。

正圆锥形壳体侧表面及其截体的投影特征，是各素线的投影或投影延长线交汇于一点。

球形壳体的投影特征是，它在各个方向的投影是与球的直径相等的圆。

斜圆锥形壳体的特征，是所有素线都与中心线保持一定的夹角，除对称位置的素线外，其他长度都不一致，它的素线与中心线的夹角随着位置的变化而变化，但所有的素线都交汇于一点。

斜圆锥侧表面被一个平行于底圆面平面所切时，其截口形状都是圆。

不规则锥形壳体侧表面的相邻两素线为交叉直线，所有素线不交汇于一点，两个视图中的轮廓线交点高度也不同。如图5-22所示。

(2) 结合线的确定　两个或两个以上的形体在空间相交，叫相交形体。由相交形体组成的构件，叫相交构件。

两形体相交后，在相交部位的表面存在着一系列公共点，叫相交形体的结合点。将一系列结合点连接成一条或两条空间曲线或折线，就叫相交形体的结合线。结合线也叫相贯线。例如三

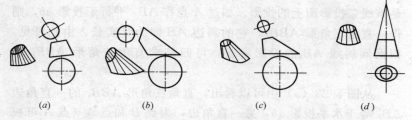

图 5-22　不规则锥体

通、多节弯头都是由两个或两个以上形体相交而成的构件。结合线是相交形体的公共线,也是分界线。在画展开图之前,对于相交构件必须先确定结合线,然后才能完成展开图。

(3) 求倾斜线的实长　求倾斜线的实长是作展开图的关键问题。在前面学习了直线、平面的投影规律后,再来求倾斜线(即一般位置直线)的实长,就比较容易了。求倾斜线的实长的常用方法有直角三角形法、直角梯形法、旋转法及换面法等。在实际工作中,用直角三角形法求实长最简单。

按照投影的原理,直角三角形法求实长的作法为:俯视图上线段长与主视图上线段的垂直高组成直角三角形的两个直角边,其斜边即为实长。图 5-23 所示直线在不同位置的实长。

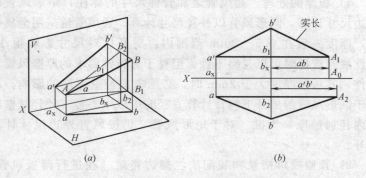

图 5-23　直角三角形法求实长
(a) 直观图;(b) 投影图与实长线

图 5-23（a）中的 $AB$ 线倾斜于两投影面；$ab$ 和 $a'b'$，分别是该线二投影面上的投影。如过 $A$ 点作 $AB_1$ 平行于投影 $ab$，则得一直角三角形 $ABB_1$，它的斜边 $AB$ 即为其实长。由此可见，根据倾斜线 $AB$ 的投影实长，可归结求直角三角形 $ABB_1$ 的实形。

从图 5-23（a）中可以看出，直角三角形 $ABB_1$ 的一直角边 $AB_1$ 等于水平投影 $ab$，另一直角边，为点 $B$ 和点 $A$（点 $A$ 可视为等高的点 $B_1$）正面投影的高度差 $b'b_1$。因此在投影图 5-23（b）中，以 $b'b_1$ 为一直角边，以 $ab$ 为另一直角边作直角三角形 $b'b_1A_1$，则斜边 $b'A_1$ 即为倾斜线 $AB$ 的实长。

同理，如以正面投影 $a'b'$ 为一直角边，以点 $B$ 和点 $A$ 水平投影的宽度差 $bb_2$ 为另一直角边作直角三角形 $bb_2A_2$，则斜边 $bA_2$ 也为斜线 $AB$ 的实长。

（4）画展开图  按照风管系统部件的特点，可选择平行线法、放射线法、三角形法中一种画出展开图。

（5）加工裕量处理  通风管件和部件在制作过程中，必然要涉及对展开时的板厚和咬口裕量、装设法兰翻边裕量如何处理的问题。这些问题在展开下料时处理不当，就会造成零件外形尺寸不准确，甚至无法使用，因此，必须妥善解决。

1）板厚的处理  通风管道和管件尺寸的标注，矩形风管以外边尺寸计算，圆形风管以外径尺寸计算。通风管道采用金属板时，厚度一般在 $0.5\sim2\text{mm}$ 范围内，展开后对尺寸影响很小，因此展开放样时可以忽略不计。但对于有特殊要求的厚壁风管和部件，其板壁厚度大于 $2\text{mm}$ 时，必须考虑板壁厚度的影响。即对于圆形风管的展开下料，计算直径时应以中心径（外径减壁厚或内径加壁厚）为准。对于矩形风管，仍按风管外边尺寸计算展开。

2）预留咬口裕量和装配法兰翻边裕量  在进行薄板风管、管件及部件的展开下料时，必须考虑薄板的连接方式和风管、管件及部件的接口是否装配法兰，以便展开下料时留出一定的裕量。

(A) 咬口裕量 风管和管件如采用咬口连接,应根据咬口加工方式(手工加工或机械加工)和咬口形式来考虑预留咬口裕量。机械咬口比手工操作咬口的预留量要大一些,咬口裕量分别留在板料的两边,而且两边的裕量是不一样的,见表5-1。

咬口裕量 (mm)　　　　　　　　　　表 5-1

| 板材厚度 | 手 工 咬 口 | | | | | | 机 械 咬 口 | | | | | |
|---|---|---|---|---|---|---|---|---|---|---|---|---|
| | 平咬口 | | 角咬口 | | 联合角咬口 | | 平咬口 | | 按口式咬口 | | 联合角咬口 | |
| 0.5~0.7 | 12 | 6 | 12 | 6 | 21 | 7 | 24 | 10 | 31 | 12 | 30 | 7 |
| 0.8 | 14 | 7 | 14 | 7 | 24 | 8 | 24 | 10 | 31 | 12 | 30 | 7 |
| 1~1.2 | 18 | 9 | 18 | 9 | 28 | 9 | 24 | 10 | 31 | 12 | 30 | 7 |

对于预留咬口裕量没有把握时,可按咬口形式进行试验,以确定适当的咬口裕量。

金属薄板风管接合处采用焊接时,应根据焊缝形式,留出搭接量和扳边量。

(B) 安装法兰裕量 风管、管件采用法兰时,应在管端留

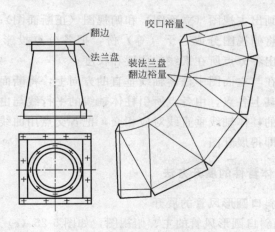

图 5-24 方圆管接头的展开裕量

出相当于法兰所用角钢的宽度与翻边量（约 10mm）之和的裕量。

图 5-24 所示是天圆地方管件展开时的裕量。

## （四）平行线展开法

### 1. 平行线展开法的特点

平行线展开法是利用足够多的平行素线，将其需要展开的物体表面划成足够多的小平面梯形或小平面矩形（近似平面），当把这些小梯形或小矩形依次地摊平开来，物体表面就被展开了，相应的在板材表面出现了一组平行线。

### 2. 应用范围

平行线展开法常用于展开柱体管件的侧表面，如圆形或矩形管件。

### 3. 展开步骤

（1）画出主视图（立面图）和俯视图（正断面图）；

（2）将俯视图分成若干（等）份，把各分点投影到立面图中，表示出各分点所在素线的位置和长度；

（3）在与立面图中柱体轴线垂直的方向上，将断面图周长伸直且照录其上各点，由各点所引柱体轴线的平行线与由立面图中各点所引的柱体轴线垂直线对应相交，把各交点用曲线或折线连接起来，即得展开图。

### 4. 具体管件的展开方法

（1）斜口圆形风管的展开

1）画斜口圆形风管的主、俯视图，如图 5-25（c）所示。

2）将俯视图圆周 12 等分，得 1、2、3……12 共 12 点。

3)通过等分点向上引主视图中心线的平行线,在斜口线上交于1、2……7各点。

4)作展开图,如图5-25(d)所示。作主视图底部边线的延长直线,长度等于俯视图的圆周长,并分成12等分。通过等分点作垂直线,与主视图斜口各点引出的平行线相交1、2……12。用圆滑曲线连接各点,即画成了展开图。

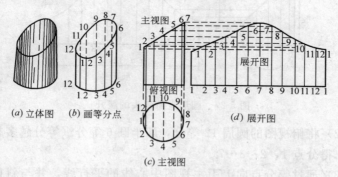

图5-25 斜口圆形风管的展开

(2)方形、矩形风管弯头的展开 图5-26(a)所示是一个直角方管弯头。只要截取展开图上1、2、3、4、1的底边长度等于下口断面1、2、3、4、1的周长,展开图上1—1,2—2,3—3,4—4的高度等于主视图上1—1,2—2,3—3,4—4各棱的高度,展开图即可作出,如图5-26(b)所示。另一部分也是一样的。

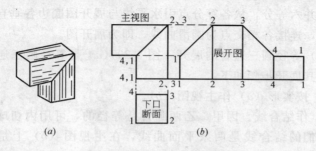

图5-26 直角方管弯头的展开
(a)直角方管弯头;(b)展开图

(3) 圆形直角弯头的展开

1) 先画出圆形直角弯头的主视图和俯视图,俯视图可以只画成半圆,如图 5-27 所示。

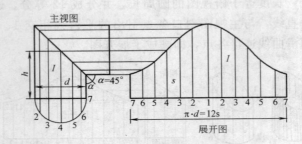

图 5-27　圆形直角弯头的展开

2) 将俯视图的圆周 12 等分,即半圆 6 等分(等分越多越精确),得分点 1、2、3…7。

3) 通过等分点向上引主视图中心线的平行线,并与斜口线相交。

4) 将主视图的圆周展开,也分为 12 等分,并通过等分点作垂直线,与主视图斜口各点引出的平行线相交,用圆滑曲线连接各相交点,就完成了展开图。

多节圆形弯头的展开,也可称为一种大小圆的简单方法,画展开图。如图 5-28 所示,采用弯头里、背的高差为直径画小半圆弧,并六等分,从各等分点引水平线与展开图底边各垂直等分线相交,连接各相交点为圆滑曲线,即为展开图。

(4) 等径圆三通管的展开　图 5-29(a)是等径圆三通管的实形,其展开步骤如下:

1) 按实形(a)作主视图(b)。

2) 作结合线。因甲、乙两圆管是等径的,可用内切球体法求得它们的结合线是两条平面曲线,在主视图(b)上是一条折线。

3) 作甲圆管的展开图。第一,将甲圆管的圆周 16 等分,图

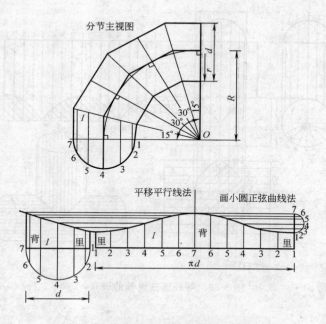

图 5-28 大小圆法对任意角弯头的展开

5-29（b）上是 8 等分，过每一等分点向相贯线引平行素线，并与它相交。第二，将甲圆管沿一素线切开平摊在主视图右侧，并按圆周的等分划平行素线。第三，过结合线上的交点向图 5-29（d）引平行素线分别与它上面的平行素线相交。第四，用平滑曲线依次连接图 5-29（d）的交点，即得到甲圆管的展开图 5-29（d）。

4）作乙圆管的展开图。第一，作乙圆管的右视图 5-29（c），同样将其圆周 16 等分。第二，将乙圆管沿一条素线切开平摊在主视图下，如图 5-29（e）所示，并用平行线将其 16 等分。第三，过结合线上的交点向图 5-29（e）引平行素线，并与其上的平行素线分别相交。第四、在图 5-29（e）上用平滑曲线依次连接各交点，便得到乙圆管的展开图，即图 5-29（e）。

按上述方法也可以进行等径圆四通管的展开。

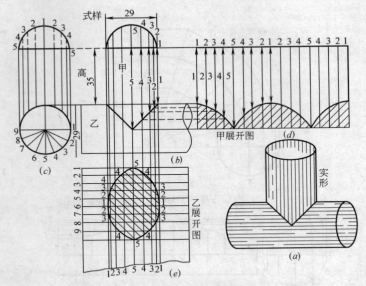

图 5-29 等径圆三通管的展开

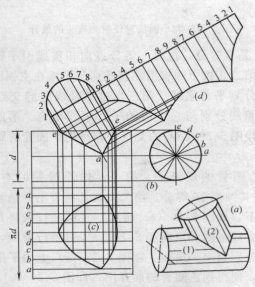

图 5-30 等径斜三通管的展开

(5) 等径斜三通管的展开  图 5-30 (a) 是等径斜三通管的实形,画展开图的步骤如下:

1) 根据实体如图 5-30 (a) 作其投影图 5-30 (b)。

2) 求结合线。因为是两个等径圆管相交,相贯线是两段平面曲线,反映在主视图上是一条折线,如图 5-30 (b)。

3) 作上部圆管的展开图。第一,以上部管的直径作半圆,并将其 8 等分(则整圆 16 等分),等分点分别为 1、2、3、4、5、6、7、8、9,延长线段 1—9,并在延长线上取一线段等于上部圆管的周长,将其 16 等分,得分点 1、2、3、……3、2、1,过每一等分点作 9—e 的平行线。第二,过上部圆管半圆上的等分点作 9—e 的平行线分别与相贯线 e—a—e 相交,再过每一交点作 1—9 的平行线,分别与图 5-30 (d) 的平行线相交,用平滑曲线依次连接各交点,则得到上部圆管的展开图,如图 5-30 (d)。

4) 作下部圆管的展开图。第一,下部因管的左视图是一个圆,如图 5-30 (b) 所示。将它分成 16 等份,用 a、b、c、d、e 分别代表各等分点。将圆管水平切开平铺在主视图下,分别过 a、b、c、d、e 等作平行线。第二,在下部圆管左视图上,分别过 a、b、c、d、e 作 e—e 的平行线与 V 形相贯线 e—a—e 的两侧相交,再过每一交点向下引平行线分别与图 5-30 (c) 上的水平平行线相交,用平滑曲线依次连接各交点,便得到下部圆管的展开图。

(6) 异径斜三通的展开  图 5-31 (a) 是异径斜三通的实形,从图中可知主管外径为 $D$,支管外径为 $D_1$,支管与主管轴线的交角为 $\alpha$。

要画出支管的展开图和主管上开孔的展开图,要先求出支管与主管的结合线。结合线用图 5-31 (b) 所示的作图步骤求得:

1) 先画出异径斜三通的立面图与侧面图,在该两图的支管端部各画半个圆并六等分之,等分点标号为 1、2、3、4、3、2、1。然后在立面图上通过各等分点作平行于支管中心线的斜直线,同时在侧面图上通过各等分点向下作垂线,这组垂线与主管圆周相交,得交点1°、2°、3°、4°、3°、2°、1°。

2)过点1°、2°、3°、4°、3°、2°、1°向左分别引水平线,使之与立面图上支管斜平行线相交,得交点1′、2′、3′、4′、5′、6′、7′。将这些点用光滑曲线连接起来,即为异径三通的接合线。

求出异径斜三通的结合线后,再按照图5-31（b）所示的方

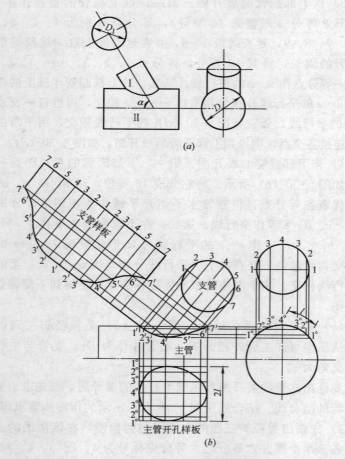

图5-31　异径斜三通的展开
(a) 异径斜三通实形；(b) 展开图

法,即可画出支管和主管(开孔)的展开图。

(7) 矩形来回弯的展开  图 5-32 (a)、(b) 是矩形来回弯的主视图和俯视图,它由三节组成:Ⅰ和Ⅲ节完全相同,由四个平面组成;左右两面是大小不等的两个长方形,长方形的长和宽在两个视图上均反映实长;前后两面是形状相同的两个直角梯形,在主视图上反映实形。

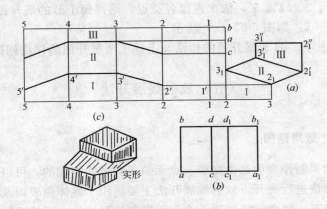

图 5-32  矩形来回弯的展开

中间一节Ⅱ也由四个平面组成:前后两面是形状相同的平行四边形,主视图上反映其实形;左右两面是形状相等的矩形,边长在两个视图上均反映实长。

因为矩形来回弯的Ⅰ、Ⅱ、Ⅲ三节表面上的棱线都是互相平行的,因此可以用平行线法进行展开。实际上如果将前后两面的位置互相调换,则成为一个矩形直管。因此,可以把三节的展开图拼合成一个长方形。这样做可以节约材料。只是在实际工作中要注意留裕量。

图 5-32 所示的矩形来回弯的展开步骤如下:

1) 根据实形画主视图和俯视图 5-32 (a)、(b)。

2) 在主视图上延长 $3—3_1$ 至 $b$,截取 $3_1—a$ 等于 $3_1—3_1{}'$,$a—b$ 等于 $3_1{}'—3_1{}''$,$c—b$ 等于 $2_1{}'—2_1{}''$。

3) 在主视图上延长 2—3，在延长线上分别截取 1—2，2—3，3—4，4—5 等于俯视图（b）上的 $d_1$—$c_1$，$c_1$—$a$，$a$—$b$，$b$—$d_1$，过 1、2、3、4、5 各点作铅垂线，铅垂线 1—1，2—2，3—3，4—4，5—5 则是矩形来回弯的棱线如图 5-32（c）所示。

4) 作Ⅰ节的展开图。根据上面的分析，过主视图 5-32（a）上的 $2_1$、$3_1$ 点分别引水平线与图 5-32（c）上的 5 条棱线相交于 $1'$、$2'$、$3'$、$4'$、$5'$，依次连接各交点，则得到Ⅰ节的展开图 1—$1'$—$5'$—5，如图 5-32（c）所示。

5) Ⅱ、Ⅲ节展开图的作法与上述Ⅰ节展开图的作法相同。

### （五）放射线展开法

**1. 适用范围**

如果制件表面是由交于一点无数条斜素线构成的，可以采用放射线法进行展开。放射线展开法主要适用于锥体侧表面及其截体的展开，如伞形吸气罩、伞形风帽和锥形风帽、圆锥形散流器等。因为锥体侧表面是由一组汇交于一点的直素线构成的，因此，可利用足够多的素线将其侧表面划分为足够多的小平面三角形（近似平面），当把这些小平面三角形依次摊平在一个平面上时，则得到这个壳体侧表面的展开图。

**2. 展开步骤**

（1）先画出平面图和立面图，分别表示周长和高。

（2）将周长分为若干等份，从各等分点向立面图底边引垂线，并表示出它们的位置和交点连接的长度。

（3）再以交点为圆心，以斜线的长度为半径，做出与平面图周长等长的弧，在弧上划出各等分点，把各等分点与交点（圆心）相连接。再以各等分点在立面图上的实长为半径，在其对应的连线上截取，连接各截点即构成展开图。

**3. 举例**

(1) 正圆锥体的展开 图 5-33 所示为正圆锥体的放射线法展开，作展开图的步骤是：

1) 在俯视图上将圆锥的底部圆周 12 等分。

2) 过圆锥底部圆周各分点向主视图引垂线，与底部圆周投影相交，将各交点与正圆锥顶点"$O$"连接。这样，在主视图和展开图上都相应地出现了一组放射线，$O—1$，$O—2$……$O—12$，如图 5-33（b）所示。正圆锥的展开图是一个扇形。

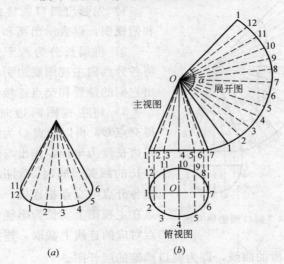

图 5-33 正圆锥的放射线法展开
(a) 正圆锥；(b) 展开图

展开图上的各弧 12，23……的长度等于俯视图上相应的 12，23……的弧长。展开图上的 $O—1$，$O—2$……$O—12$ 各线段长相等，即等于主视图上的斜边 $O—7$ 或 $O—1$ 线段的长度。主视图上 $O—2$，$O—3$……$O—6$ 未反映圆锥体侧面上相应线段的实长，而比实长短了，这是因为倾斜线投影的缘故。

实际工作中，对于正圆锥壳体的展开，可以省略俯视图，只要以任一点 O 为圆心，以主视图上轮廓线为半径作扇形，扇形的弧长等于圆锥底面圆周长。这个扇形则是圆锥体的展开图。扇形圆心角 α 的计算公式如下：

$$\alpha = 180° \frac{D}{R}$$

式中　　$D$——圆锥底面直径；

　　　　$R$——主视图上的轮廓线。

（2）斜口圆锥的展开　　图 5-34 所示为斜口圆锥的展开图，其展开步骤是：

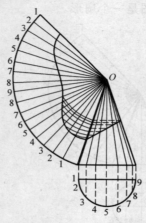

图 5-34　斜口圆锥展开图

1) 先画出斜口圆锥的主视图和俯视图，以表示出高和周长。

2) 将周长分为若干等份，并将各分点向主视图底边引垂线，示出它们的位置和交点连接的长度。

3) 将主视图两边向上延长，得交点 O，再以交点 O 为圆心，以斜边长度为半径，作出与底部周长等长的圆弧。同时，划出各分点，把各分点与交点相连接。再以各分点在主视图上实长为半径，在各分点对应的连线上截取，连接各截点为一条圆滑的曲线，即为斜口圆锥的展开图。

### （六）三角形展开法

用毗连的且无共同顶点的一组三角形作展开图的方法称为三角形展开法，简称三角形法。

**1. 适用范围**

凡是平行线法、放射线法不能展开的物体表面，都可以采用三角形展开法，因此，三角形展开法的应用范围比较广泛。

**2. 特点**

三角形展开法，就是把壳体表面划分成依次毗连的一组小平面三角形，把这些小三角形依次铺平开来，便得到所需要的物体表面展开图。

要画出任意三角形，只要知道三条边的实长即可。因此三角形展开法必须首先求出三条边的实长，然后才能做出展开图。求实长的方法，可以采用直角三角形法和直角梯形法两种。

当零件的中心（轴）线与水平投影面相垂直时可采用直角三角形法；当零件的中心（轴）线与水平投影面相互倾斜时则采用直角梯形法。

**3. 举例**

(1) 矩形管大小头的展开　图 5-35 (a) 所示为方管过渡接头的立体图，5-35 (b) 为主视图和俯视图。从图中可知，该接头的表面由四个等腰梯形组成，这四个等腰梯形与基本投影面都不平行，所以在主视图和俯视图上，都没有反映出它们的真实形状。为了求得等腰梯形的真实形状，可以采用如图 5-36 所示的展开法：

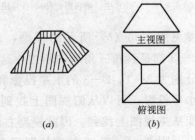

图 5-35　方管过渡接头
(a) 立体图；(b) 主视图、俯视图

1) 作四面等腰梯形的对角线，使一个梯形变成两个三角形，如图 5-36 (a) 所示。

2) 求出各三角形三边的实长。例如三角形 123，它的三边分别是 1—2、2—3、3—1。其中，1—2 这条边，在俯视图上为实长，但 2—3 和 3—1 这两条边和投影面不平行，在俯视图上都找不到它们的实长。欲求出 3—1 和 2—3 这两条边的实长，可以

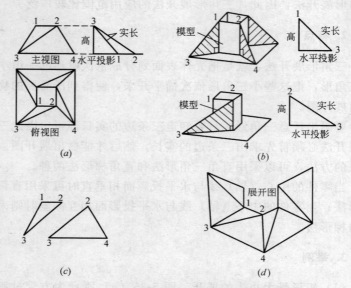

图 5-36 直角三角形求实长的方法与展开
(a) 主、俯视图；(b)、(c) 用三角形法求实长；(d) 展开图

参见图 5-36（b）所示的模型，从这个模型中可以看出，3—1、2—3 都是直角三角形的斜边，这两个直角三角形的两个直角边，分别为 3—1、2—3 的水平投影和过渡接头的高，3—1、2—3 的水平投影，可以从俯视图上找到，而 3—1、2—3 的投影高度又能从主视图上找到。因此模型右面的两个直角三角形就很容易作出，则 3—1、2—3 的实长即可求出，如图 5-36（a）所示。

另一个三角形 234 的三条边 2—3、3—4 和 4—2，从图 5-36（b）可以看出，4—2 和 3—1 相等，3—4 在俯视图上已反映实长，而 2—3 的实长在上面已经用直角三角形法求得。

3）按照已知三边作三角形的方法，用 1—2、2—3 和 3—1 的实长，即可作出三角形 123。同样用 2—3、3—4 和 4—2 的实长，就可以作出三角形 234，如图 5-36（c）所示。如果连续作出全部三角形，就得到该接头的展开图，如图 5-36（d）所示。

(2) 正天圆地方的展开　图 5-37 (a) 所示是一个圆方过渡接头，又叫天圆地方。该接头的表面由四个相等的等腰三角形和四个具有单向弯度的圆角组成。

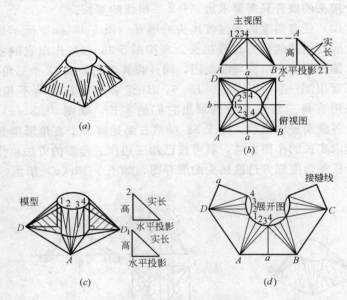

图 5-37　天圆地方的展开
(a) 立体图；(b) 主视图、俯视图；(c) 求实长；(d) 作展开图

天圆地方的展开步骤如下：

1) 先画出天圆地方的主视图和俯视图，见图 5-37 (b) 所示，将其上口圆周 12 等分，过等分点分别向下口的四个角连线，致使每一圆角部分都分为三个三角形（当然这些三角形都有一边是曲线的，若将圆周作更多的等分，则曲线可以近似地当作直线看待）。

2) 求实长线。在组成这些三角形的各边中，只有 A—1 和 A—2 需要用直角三角形法求出实长，如图 5-37 (c) 所示。其余各边均在俯视图上反映实长。

3) 作展开图，按照上述已知三角形三边实长作三角形的方法，就能得到天圆地方的展开图，如图 5-37（d）所示。

4）同理，若在这个接头等腰三角形的表面中部作一条 $a—4$ 接缝线，则主视图上斜边 $A—1$ 长也就反映了 $a—4$ 的实长，故这个接头的展开只需要求出 $A—2$ 一根线的实长。

（3）任意角度圆方过渡接头的展开　图 5-38（a）所示是一个上底面斜截的圆方过渡接头。现按图 5-38（b）作出它的主视图、俯视图及上口圆周断面图，同样将其表面分成 12 个三角形。可以看出 $A—1$，$A—2$……$B—6$，$B—7$ 各线的长度均不相等，要采用直角三角形法分别求出它们的实长，如图 5-38（c）所示。各线实长求出后，图 5-38（b）右面是将 7 个直角形重叠在一起求实长的作图方法，就可按已知三边作三角形的方法，作出这个任意角度圆方过渡接头的展开图，如图 5-38（d）所示。

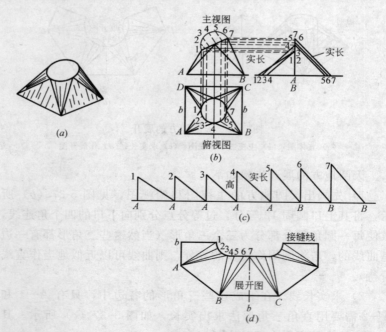

图 5-38　任意角度圆方过渡接头的展开
(a) 立体图；(b) 主视图、俯视图；(c) 求实长；(d) 展开图

同理,主视图上的 $A—1$ 反映了俯视图上 $b—1$ 的实长,$B—7$ 反映了 $b—7$ 的实长。故作该接头的展开图时,主视图上的 $A—1$ 与 $B—7$ 的实长就可不必求出。

(4) 正圆锥台的展开  图 5-39 (a) 所示是一个正圆锥台,由于其锥度小,下口直径大,如采用放射法展开则受到工作条件限制,可采用三角形展开法。

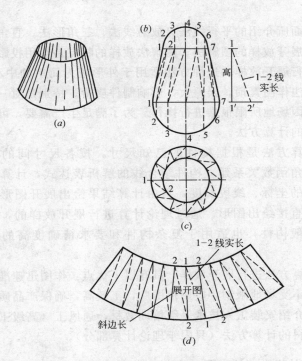

图 5-39  正圆锥台的展开
(a) 正圆锥台;(b) 主视图;(c) 俯视图;(d) 展开图

画展开图的步骤是:

1) 作出主视图 5-39 (b) 和俯视图 5-39 (c),将其上下口分成 12 等分,使表面组成 24 个三角形,如图 5-39 (b)、(c) 所示。

2) 采用直角三角形法求 1—2 线的实长。如图 5-39 (b) 主视图右，作正圆锥台的高 1—1′，在下口延长线上取 1′—2′等于水平投影中的 1—2，连接 1—2′，即为 1—2 线的实长。

3）按照已知三边作三角形的方法，依次作三角形，即可得到正圆锥台的展开图，如图 5-39（d）所示。

## （七）放样下料计算方法简介

前面所介绍的平行线法、放射线法、三角形法、直角梯形法统称为展开放样的图解法。图解法放样的特点是运用投影原理作图，进行展开放样。这种方法适用于外形较为简单的中小构件。但图解法作图繁琐，误差大，影响制件质量。特别是对一些大型构件，因场地所限很难进行操作。为了满足生产需要，可采用展开放样的计算方法。

计算方法是根据构件的已知尺寸，按各尺寸间的几何关系。三角函数关系建立构件结合线的解析表达式，计算出展开图中点的坐标、线段长度，再由计算结果绘出展开图形，或由计算机直接绘出图形。通过理论计算进行展开放样的，不仅适用于一般构件，也适用于复杂构件和要求精确度高的大中型构件。

计算方法进行展开放样，具有以下优点：作图迅速准确，放样作业不受场地限制，应用范围广，工效高，确保产品质量。

现介绍安装工人技术等级培训教材，通风工（高级工）中的放样下料的计算方法（只限于理论计算部分）。

**1. 放样方法的步骤**

（1）绘出构件（本例构件指两节任意角弯头）的主视图（图 5-40a）、俯视图或其他必要的视图（可不按尺寸用手绘）。将断面管分若干等分（图 5-40），一般分为 16 或 24 等份，小的构件可等分少些，大的构件可等分多些，等分点愈多，展开图愈精确，但相应的计算也愈繁琐。

(2) 从等分点向主视图或有关视图引素线至结合线，如为相贯构件结合线可大致绘出。

(3) 根据圆周等分数绘出放样草图（图 5-40c），并将需要计算长度的线段标注代号。

(4) 将圆周上等分点间的弧计算成角度或弧度。

(5) 根据视图中的几何、三角函数关系建立展开图中点的坐标、线段长度的解析计算式或直接应用已建立的解析计算式（不介绍计算式的推导，直接应用计算式，且计算式中均考虑了板厚处理；若为薄板构件，仅将计算式中的板厚 $t$ 作为零计算即可）。再根据计算式计算展开图中点的坐标和线段长度。

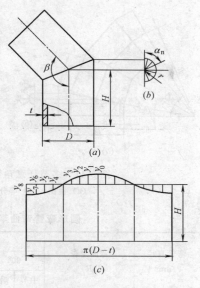

图 5-40 两节任意角弯头放样图
(a) 视图；(b) 等分断面管；
(c) 展开图

(6) 根据计算结果绘出展开图。注意：绘图必须对线段长度进行校核无误后进行；对咬接薄板构件，放样下料时应加咬口余量。

**2. 等径圆管构件放样计算**

在通风空调系统中常见的等径圆管构件有三通、弯头、蛇形管等。以圆形弯头为例放样计算。

通风空调系统中的圆形弯头由两个端节和若干个中节组成，端节是中节的一半，如图 5-41（a）所示。弯头节数和弯曲半径应符合规范规定，见表 5-2。

当弯头的直径、壁厚、弯曲角度、弯曲半径、节数确定后即

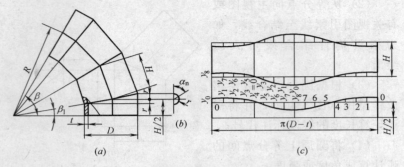

图 5-41 多节任意角弯头主视图与展开图
(a) 视图；(b) 等分断面；(c) 展开图

**圆形弯管弯曲半径和最少节数**     表 5-2

| 弯管直径 /mm | 弯曲半径 $R$ | 弯曲角度和最少节数 | | | | | | | |
|---|---|---|---|---|---|---|---|---|---|
| | | 90° | | 60° | | 45° | | 30° | |
| | | 中节 | 端节 | 中节 | 端节 | 中节 | 端节 | 中节 | 端节 |
| 80~220 | $R=(1\sim1.5)D$ | 2 | 2 | 1 | 2 | 1 | 2 | | 2 |
| 240~450 | $R=(1\sim1.5)D$ | 3 | 2 | 2 | 2 | 1 | 2 | | 2 |
| 480~800 | $R=(1\sim1.5)D$ | 4 | 2 | 2 | 2 | 1 | 2 | 1 | 2 |
| 850~1400 | $R=(1\sim1.5)D$ | 5 | 2 | 3 | 2 | 2 | 2 | 1 | 2 |
| 1500~2000 | $R=(1\sim1.5)D$ | 8 | 2 | 5 | 2 | 3 | 2 | 2 | 2 |

可建立展开图的计算式（通风空调系统弯头的直径和弯曲角度已知后，可由表 5-2 得弯头的节数与弯曲半径，从而可据此建立展开图的计算式）。

多节等径任意角弯头放样的计算式如下：

$$\beta_1 = \frac{\beta}{2(N-1)}$$

$$H/2 = R\tan\beta_1$$

$$H = 2R\tan\beta_1$$

$$y_n = y\cos\alpha_n$$

当 $0°\leqslant\alpha_n\leqslant 90°$ 时，$r=\frac{1}{2}(D-2t)\tan\beta_1$，$y_n=\frac{1}{2}(D-2t)\cos\alpha_n$

$\tan\beta_1$

当 $90°\leqslant\alpha_n\leqslant180°$ 时，$r=\frac{1}{2}D\tan\beta_1$，$y_n=\frac{1}{2}D\cos\alpha_n\tan\beta_1$

式中  $\beta_1$——中节中心角的一半，称为计算角（°）；
  $H/2$——端节轴线长度（mm）；
  $H$——中节轴线长度（mm）；
  $y_n$——展开图圆周长度等分点至曲线坐标值（mm）；
  $R$——弯头弯曲半径（mm）；
  $r$——辅助圆半径（mm）；
  $D$——圆管外径（mm）；
  $t$——板厚（mm）；对薄板：$t=0$；
  $\alpha_n$——辅助圆等分角（其等分数与圆管展开周长等分数相同）（°）。

### 3. 天圆地方放样计算

在通风空调系统中，天圆地方应用较多，如除尘系统中，除

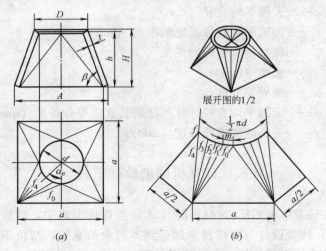

图 5-42 天圆地方及其展开图
(a) 视图；(b) 展开图

尘器出口与风机进口连接的接头，风机出口与圆风管连接的接头等。

天圆地方如图 5-42（a）所示。图中尺寸 $D$、$A$、$H$ 及 $t$ 均为已知。则放样计算式为：

$$a = A - 2t\sin\beta$$

$$d = D - t\sin\beta$$

$$h = H - \frac{t}{2}\cos\beta$$

$$\tan\beta = \frac{2H}{A-D}$$

$$f_n = \frac{1}{2}\sqrt{(a-d\sin a_n)^2 + (a-d\cos a_n)^2 + 4h^2}$$

$$f = \frac{1}{2}\sqrt{(a-d)^2 + 4h^2}$$

$$m = \frac{\pi a}{n}$$

式中　$a$——地方里口边长（mm）；

　　　$d$——天圆平均直径（mm）；

　　　$h$——天圆平均直径至地的距离（mm）；

　　　$\beta$——侧壁与水平面的夹角（°）；

　　　$t$——板厚（mm）；

　　　$n$——圆周等分数；

　　　$m$——天圆平均直径计算的圆周长度的等分长度（mm）；

$f_n$、$f$——天圆地方素线长度（mm）。

## （八）计算机辅助放样下料

在国家标准 GB 50243—2002 无法兰连接形式中，共板法兰（TDF）风管设计与制作越来越受到本行业的重视，与角钢法兰和其他连接形式相比，它的特点是省工、省料、强度高、密封性能好、外观美、安装方便，用此工艺能缩短工期，可为甲乙双方

图 5-43 TDF 自动生产线实图

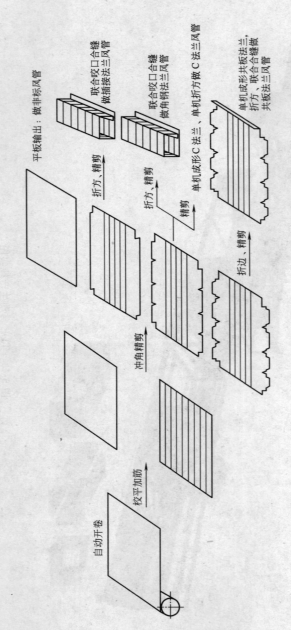

图 5-44 TDF 自动生产线流程图

节约大量工程费用。该生产线由电脑控制,将卷板经开卷机自动放料,经校平、压筋、长度测量、冲剪缺口、定长剪断、双侧联合角咬口、双侧共板法兰成形、液压自动折方,全部工序仅由2~3人监控操作电脑控制自动完成。图5-43是某生产线实图。图5-44是其生产流程。

# 六、金属风管及配件、部件的制作与安装

根据《通风与空调工程施工质量验收规范》(GB 50243—2002)的"术语"定义：风管配件是指风管系统中的弯管、三通、四通、各类变径管及异径管、导流叶片和法兰等；风管部件是指风管系统中的各类风口、阀门、排气罩、风帽、检查门和测定孔等。

## (一) 风管制作

根据具体使用条件，金属风管的常用板材有普通薄钢板、镀锌薄钢板、不锈钢板和铝板等。

风管的连接方式大致分为法兰连接和无法兰连接两种。法兰连接是传统的连接方式，其优点是牢固可靠，使风管和法兰具有较好的强度和刚度，缺点是耗用钢材多，工程成本高；无法兰连接的优点是可以节省法兰连接所用的角钢和螺栓，有利于制作，实现更高程度的机械化，减轻风管自重，施工方便，加快工程进度等优点。在无法兰连接接头严密性方面，只要操作正确，所用零件质量可靠，并且与制作工艺要求相一致，按规定涂密封胶，其漏风量远比角钢法兰连接要小。

### 1. 风管直径系列及工作压力

金属风管的断面有圆形和矩形两种。风管的直径尺寸已经系列化了，根据现行《通风与空调工程施工质量验收规范》(GB 50243—2002)的规定，圆形风管的直径规格系列见表 6-1，矩形风管的直径规格系列见表 6-2。

圆形风管的直径规格系列（mm） 表 6-1

| 风管直径 D |||| 
|---|---|---|---|
| 基本系列 | 辅助系列 | 基本系列 | 辅助系列 |
| 100 | 80 | 500 | 480 |
|  | 90 | 560 | 530 |
| 120 | 110 | 630 | 600 |
| 140 | 130 | 700 | 670 |
| 160 | 150 | 800 | 750 |
| 180 | 170 | 900 | 850 |
| 200 | 190 | 1000 | 950 |
| 220 | 210 | 1120 | 1060 |
| 250 | 240 | 1250 | 1180 |
| 280 | 260 | 1400 | 1320 |
| 320 | 300 | 1600 | 1500 |
| 360 | 340 | 1800 | 1700 |
| 400 | 380 | 2000 | 1900 |
| 450 | 420 |  |  |

矩形风管的直径规格系列（mm） 表 6-2

| 风管边长 |||||
|---|---|---|---|---|
| 120 | 320 | 800 | 2000 | 4000 |
| 160 | 400 | 1000 | 2500 | — |
| 200 | 500 | 1250 | 3000 | |
| 250 | 630 | 1600 | 3500 | |

（1）风管的规格 圆形风管的断面尺寸是指风管的外径；矩形风管的断面尺寸是指风管的外边长，以宽度乘以高度标注，表6-2中的尺寸系列可以组合出许多矩形风管断面规格，一般宽度大于高度，宽度与高度之比越接近2，越经济；宽度与高度之比不宜超过3，最大不宜超过8。矩形风管断面宽度与高度之比从1:1到8:1，风管表面积要增加60%，阻力也大大增加，是非常不经济的。通风空调工程施工图纸中如果有风道（一般用砖砌

筑或混凝、浇筑），则上述规格分别指圆形风道的内径和矩形风道的内边长。

（2）风管系统的类别　按其系统的工作压力划分为如表 6-3 所列的三个类别。

风管系统的类别　　　　　　　　表 6-3

| 系统类别 | 系统工作压力 $P(Pa)$ | 强度要求 | 密封性要求 | 使用范围 |
|---|---|---|---|---|
| 低压系统 | $P \geqslant 500$ | 一般 | 接缝和接管连接处要严密 | 一般空调及排气等系统 |
| 中压系统 | $500 < P \leqslant 1500$ | 局部增强 | 接缝和接管连接处增加密封措施 | 空气洁净新标准 6（N）级（相当于旧标准 1000 级）及以下空气洁净、排烟、除尘等系统 |
| 高压系统 | $P > 1500$ | 特殊加固不得用按扣式接缝 | 所有的拼接缝和接管连接处均应采取密封措施 | 空气洁净新标准 6（N）级（相当于旧标准 1000 级）以上空气洁净、气力输送、生物工程等系统 |

### 2. 风管与配件加工制作中的连接方法

在风管与配件的制作过程中，其连接方法有咬接、铆接和焊接。咬接方法使用比较普遍。

（1）咬接　咬接适用于 1.2mm 以下的薄钢板。咬接又有手工和机械咬接两种方法。手工咬口是用硬木方或木锤将划线的薄板在工作台上折曲合口后打实咬口。如板材要延展板边可用手锤操作。机械咬口是通过各种形式的折边机、咬口机、压口机、合缝机通过滚轮进行咬口压实。机械咬口效率高，质量好。

咬口的几种形式：常用的有横向单咬口、单（立）咬口、转角咬口、联合角咬口及按扣式咬口等。

1）横向单咬口　如图 6-1 所示，它适用于板材连接和圆风管闭合咬接。它的咬口宽度一般为 6～10mm。咬口操作方法按图中顺序进行。咬口的裕量，见表 6-4。

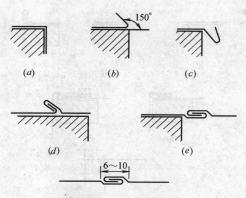

图 6-1 横向单咬口

一个单咬口留量尺寸表（mm） 表 6-4

| 项次 | 钢板厚度 | 咬口宽度 | 单口留量 | 双口留量 | 咬口留量 |
|---|---|---|---|---|---|
| 1 | 0.5~0.6 | 6 | 6 | 12 | 18 |
| 2 | 0.7 | 7 | 7 | 14 | 21 |
| 3 | 0.8~0.9 | 8 | 8 | 16 | 24 |
| 4 | 1.0~1.2 | 8~10 | 8~10 | 16~20 | 25~30 |

2）单（立）咬口 这种咬口方法主要用于圆形弯管和直管短节咬接，如图 6-2 所示。

3）转角咬口 它用于矩形直管的咬接和净化系统，弯管或三通的咬接，如图 6-3 所示。咬接宽度通常为 6~10mm，操作方法，可按图的排列顺序进行。横向咬口和单（立）咬口的折边尺寸，见表 6-5。

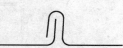

图 6-2 单（立）咬口

横向咬口、单（立）咬口折边尺寸（mm） 表 6-5

| 咬口形式 | 咬口宽 | 折边尺寸 | | 咬口形式 | 咬口宽 | 折边尺寸 | |
|---|---|---|---|---|---|---|---|
| | | 第一块钢板 | 第二块钢板 | | | 第一块钢板 | 第二块钢板 |
| 单（立）咬口 | 8 | 7 | 14 | 横向咬口 | 8 | 7 | 6 |
| | 10 | 8 | 17 | | 10 | 8 | 7 |
| | 12 | 10 | 20 | | 12 | 10 | 8 |

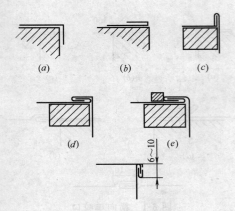

图 6-3 转角咬口

4) 联合角咬口 这种咬口形式适用于矩形风管、弯管、三、四通管的咬接，如图 6-4 所示。它的操作程序按图中的排列进行。

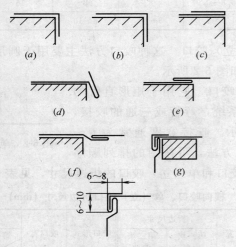

图 6-4 联合角咬口

5) 按扣式咬口 它主要用于矩形风管、弯管、三通、四通管。如图 6-5 所示。

(2) 铆接　铆接主要适用于板厚或法兰与风管的连接,铆接操作时,先划线,定位置,然后钻孔,再进行铆接。铆钉直径的选择,一般为直径的2倍,长度约为2倍板厚加2倍铆钉直径。铆钉间距应按不同系统的要求来确定。铆钉要与平面垂直,铆实且排列要整齐美观。

图 6-5　按扣式咬口

(3) 焊接　风管和部件的加工制作也可采用焊接方法。其中包括电焊、气焊、点焊、缝焊、锡焊等。

焊缝形式也是多种多样的,如板材的连接缝、横向缝、纵向闭合缝,可采用对接缝焊缝,如图 6-6 (a)、(b) 所示;矩形风管、管件纵向闭合缝、弯头、三通的转角缝等,可用搭接焊缝,如图 6-6 (c)、(d) 所示,一般搭接量为 10mm;矩形风管或管件纵向闭合缝、弯头、三通的转角缝,圆形、矩形风管封头闭合缝也可采用角焊缝,如图 6-6 (c)、(d)、(f) 所示;无法兰连接及圆管、弯头的闭合缝采用翻边焊缝,如图 6-6 (e)、(f) 所示。

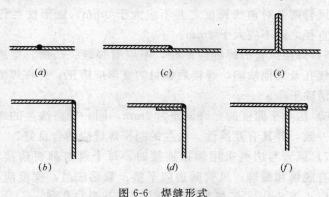

图 6-6　焊缝形式

**3. 风管与配件的制作的一般规定**

(1) 薄钢板风管与配件制作

1) 咬口接缝对风管起加强作用,风管的变形较小。薄钢板风管的厚度一般小于或等于 1.2mm 的应采用咬口连接；板厚大于 1.2mm 的，可采用焊接。用镀锌钢板制作的风管，板厚小于或等于 1.2mm，采用咬口连接；板厚大于 1.2mm 的，采用铆钉连接，以避免采用焊接而破坏镀锌层。

2）空气洁净系统的风管咬口缝不但要严密，而且板材应减少拼接。矩形风管大边超过 800mm，应尽量减少纵向接缝，800mm 以内的不应有拼接缝，以减少风管内集尘。在加工制作过程中，应保持风管内的清洁，尽可能使风管内面的镀锌层不被破坏，选择远离尘源的清洁加工场地；制作好的风管两端在安装前应进行临时封口，防止灰尘进入管内。

3）圆形和矩形风管的管段长度，应根据实际需要和板材的规格而定，一般管段长度为 1.8～4.0m。风管的加工长度应比实测时的计算长度放长 30～50mm。

4）风管外径或外边长的允许偏差应按负偏差控制：当外径或外边长小于或等于 300mm 时为 $-2\sim 0$ mm；当外径或外边长大于 300mm 为 $-3\sim 0$ mm。管口平面度的允许偏差均为 2mm，矩形风管两条对角线长度之差不应大于 3mm；圆形法兰任意正交两直径之差不应大于 2mm。

5）焊接风管的焊缝应平整，不应有裂缝、凸瘤、穿透、夹渣、气孔及其他缺陷，焊接后板材的变形应矫正，并将焊渣及飞溅物清除干净。

6）法兰平面度的允许偏差为 2mm，同一规格法兰的螺孔排列应一致，并具有互换性。法兰的制作焊缝应熔合良好。

7）风管与法兰采用铆接连接时，每个铆钉都要铆接牢固、不应有脱铆和漏铆；风管翻边应平整、紧贴法兰，宽度应一致，且不应小于 6mm，咬缝与四角处不应有开裂与孔洞。

8）风管与法兰采用焊接连接时，风管端面不得高于法兰接口平面。除尘系统的风管，宜采用内侧满焊、外侧间断焊形式，风管端面距法兰接口平面不应小于 5mm。

9）当风管与法兰采用点焊固定连接时，焊点应熔合良好，间距不应大于 100mm；法兰与风管应紧贴，不应有缝隙或孔洞。

10）制作周长加咬口裕量小于板宽时，用 1 个角咬口连接。板宽小于周长而大于 1/2 周长时，可用两个转角咬口。当周长较大，为了便于运输和组装时，可在 4 个边角，用 4 个角咬口。矩形风管的纵向闭合缝，要留在边角上，以便增加强度。

(2) 不锈钢风管与配件制作

1）不锈钢板风管和配件的制作，应采用奥氏体不锈钢，板材厚度应符合表 6-6 的规定。

高、中、低压系统不锈钢板风管板材厚度（mm）　表 6-6

| 风管直径或长边尺寸 $b$ | 不锈钢板厚度 | 风管直径或长边尺寸 $b$ | 不锈钢板厚度 |
| --- | --- | --- | --- |
| $b \leqslant 500$ | 0.5 | $1120 < b \leqslant 2000$ | 1.0 |
| $500 < b \leqslant 1120$ | 0.75 | $2000 < b \leqslant 4000$ | 1.2 |

2）加工制作不锈钢风管和配件的场地，要铺木板或橡胶板，并把板上的铁屑、锈迹和杂物等清扫干净。

3）下料划线时，不能用锋利的金属划针在其表面划线或冲眼，应使用做好的样板进行套裁，以免损坏不锈钢表层。

4）剪切不锈钢板时，不要使设备超载工作，要认真调整好上、下刀刃的间隙，通常此间隙应为板材厚的 0.04 倍。

5）加工制作不锈钢风管，当板厚小于 1mm 时，应用咬口连接，且咬口宽度应比普通钢板宽一些，一般为 12～14mm，并用不锈钢铆钉铆接法兰。板厚大于 1mm 时，宜采用焊接，不得采用气焊。

6）手工咬口时，用木制、不锈钢或铜质的工具，不要用普通钢工具。用机械加工时，要清除机台上的铁屑、铁锈及杂物。咬口应一次完成。如进行多次，则会造成加工困难，又易出现破裂现象。

7）不锈钢风管及配件，采用焊接时，一般多使用氩弧焊或电弧焊，并应采用与母材材质相匹配的焊丝。气焊对板材热影响区域大，受热时间长，易破坏其耐腐蚀性能，因此不得采用。在焊接前，要用汽油、丙酮将焊口处及焊丝上的氧化皮及油污清除，避免形成气孔和砂眼；焊接后应用热水清除焊缝表面残留的焊渣及飞溅物等。

8) 用氩弧焊，加热集中，热影响区小，局部变形小，而且氩气是保护气体，因此焊接质量比较高。

9) 采用电弧焊作业时，要在焊缝两侧表面涂白平粉，防止焊渣飞溅物粘附在表面上。焊接完后，要清除焊渣和飞溅物，并用10%酸溶液进行酸洗处理，然后再用热水冲洗干净。

10) 在不锈钢配件上钻孔时，要使用高速钢钻头，其角度要在118°～122°之间，钻的速度不宜过快，过快钻头容易损坏。钻孔时，要对准冲眼中心，下部垫好坚实物体，加压要使其均匀受力，保证切削效果。不锈钢风管不宜在焊缝及其边缘处开孔。

11) 用不锈钢制作的矩形风管，一般可不做凸棱加固，加固框采用不锈钢铆钉加以铆接固定。

12) 不锈钢板风管除采用法兰连接形式外，亦可采用无法兰连接。

(3) 铝板风管和配件的制作

1) 铝板风管和配件的制作，应采用纯铝板或防锈铝合金板，板材厚度应符合表6-7的规定。

中、低压系统铝板风管板材厚度（mm）　　表6-7

| 风管直径或长边尺寸 $b$ | 铝板厚度 | 风管直径或长边尺寸 $b$ | 铝板厚度 |
| --- | --- | --- | --- |
| $b \leqslant 320$ | 1.0 | $630 < b \leqslant 2000$ | 2.0 |
| $320 < b \leqslant 630$ | 1.5 | $2000 < b \leqslant 4000$ | 按设计 |

2) 在加工制作时，铝板风管和配件表面不得刻划，并不应有划伤等缺陷，以免破坏铝板表面的氧化膜。下料放样时，不能用金属划针在表面划线，要使用样板进行套裁。如要在表面划线时，要用铅笔或色笔。

3) 当铝板厚度小于1.5mm时，其连接方法可采用咬接。由于铝板本身弹性较差，咬接不宜采用按扣式咬口。

4) 铝板厚度大于 1.5mm 时,其连接方法可用气焊或氩弧焊(氩弧焊接质量比较好),并应用与母材材质相匹配的焊丝。在焊接前,要清除焊口(焊隙)上的氧化皮及污物,焊接时间不宜过长,焊后用热水清洗焊缝表面残留的焊渣、焊药等。焊缝应牢固,不得有虚焊和焊穿等缺陷。

(4) 复合材料风管及配件制作

1) 制作风管和配件时,板材的种类、性能及厚度应根据设计要求选用,并应符合产品标准的规定。

2) 采用覆金属薄膜的复合材料板制作的矩形风管,应减少拼接,拼接缝的粘接应严密牢固,折角应平直,风管内表面应平整、清洁。

3) 含绝热层的复合材料风管,其绝热层应为不燃或难燃材料;覆层与绝热层的结合应牢固,不得分层。风管的绝热层不得外露,采用法兰连接时,法兰与风管连接应可靠。

4) 树脂玻纤布及其他复合材料制成的柔性风管不得漏风,各支撑环的间距应均匀。柔性管与法兰的连接处应牢固和严密。

5) 制作过程中,不得损坏复合板表面的塑料层。一般连接时只能采用咬口,不能用焊接方法,以免破坏表面塑料层。

6) 使用咬口机进行咬口时,设备不能有尖锐的棱边,防止出现伤痕,对已经被破坏的表面,要刷漆保护。

(5) 玻璃钢风管和配件制作

1) 玻璃钢风管和配件的制作,所用的合成树脂、玻璃布及填充料等,应根据设计要求选用。合成树脂中填充料的含量应符合玻璃钢制作技术文件的要求。

2) 玻璃钢中玻纤布的含量与规格应符合设计要求。玻纤布应干燥、清洁,不得含蜡。玻纤布的铺置接缝应错开,不应有重叠现象。

3) 玻璃钢风管和配件的壁厚,应符合表 6-8 和表 6-9 的规定。风管采用 1:1 经纬线的玻纤布增强,树脂的质量含量应为 50%~60%。

**中、低压系统有机玻璃钢风管板材厚度（mm）** 表 6-8

| 圆形风管直径 $D$ 或矩形风管长边尺寸 $b$ | 壁　厚 |
|---|---|
| $D(b) \leqslant 200$ | 2.5 |
| $200 < D(b) \leqslant 400$ | 3.2 |
| $400 < D(b) \leqslant 630$ | 4.0 |
| $630 < D(b) \leqslant 1000$ | 4.8 |
| $1000 < D(b) \leqslant 2000$ | 6.2 |

**中、低压系统无机玻璃钢风管板材厚度（mm）** 表 6-9

| 圆形风管直径 $D$ 或矩形风管长边尺寸 $b$ | 壁　厚 |
|---|---|
| $D(b) \leqslant 300$ | 2.5～3.5 |
| $300 < D(b) \leqslant 500$ | 3.5～4.5 |
| $500 < D(b) \leqslant 1000$ | 4.5～5.5 |
| $1000 < D(b) \leqslant 1500$ | 5.5～6.5 |
| $1500 < D(b) \leqslant 2000$ | 6.5～7.5 |
| $D(b) > 2000$ | 7.5～8.5 |

4）玻璃钢风管及配件不得扭曲，内表面应平整光滑，外表面应整齐美观，厚度应均匀，且边缘无毛刺，并不得有气泡、分层现象。

5）玻璃钢风管及配件安装前，应放在无阳光曝晒的地方。在安装和搬运过程中，不能碰撞和扭曲，并不得敲击，防止破坏其结构，对轻微缺陷要及时修补。

6）制作玻璃钢风管支、吊架时，应增大与风管的接触面积，避免变形情况发生。

**4. 风管加固**

当风管的直径或边长较大时，其平面会有不同程度的下沉，即所谓的下囊。且在系统投入运行后，风管表面由于颤动而产生噪声，因此对尺寸较大的风管要进行加固处理。

（1）圆形风管的加固　圆形风管由于本身刚度比矩形风管

好，而且风管法兰起到一定的加固作用，故一般不做加固处理。当圆形风管（不包括螺旋风管）直径大于或等于 800mm，且其管段长度大于 1250mm 或管段总表面积大于 $4m^2$ 时，均应采取加固措施，可每隔适当距离加设一个扁钢加固圈，加固圈用铆钉固定在风管上。为了防止咬口在运输或吊装过程中裂开，圆形风管的直径大于 500mm 时，其纵向咬口的两端用铆钉或点焊固定。

非规则椭圆风管的加固，应参照矩形风管执行。

（2）矩形风管的加固　与圆形风管相比，矩形风管容易变形。施工验收规范规定：矩形风管边长大于 630mm，保温风管边长大于 800mm，管段长度大于 1250mm 或低压风管单边平面积大于 $1.2m^2$，中、高压风管大于 $1.0m^2$，均应采取加固措施。风管的加固方法和加固构造分别如图 6-7 和图 6-8 所示。

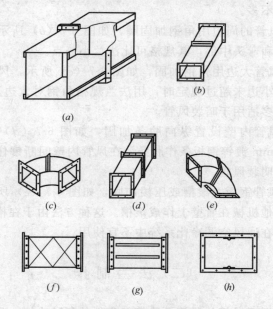

图 6-7　风管加固示意图

(a) 起高接头；(b) 角钢加固；(c) 角钢加固弯头；(d) 角钢框加固；
(e) 角钢框加固弯头；(f) 风管壁棱线；(g) 风管壁滚槽；(h) 风管内壁加固

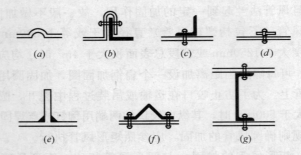

图 6-8 风管的加固构造
(a) 楞筋；(b) 立筋；(c) 角钢加固；(d) 扁钢平加固；
(e) 扁钢立加固；(f) 加固筋；(g) 管内支撑

1) 接头起高的加固法（即采用立咬口），如图 6-7 (a) 所示，虽然可节省钢材，但加工工艺复杂，而且接头处易漏风，目前采用的不多。

2) 风管的周边用角钢加固圈，如图 6-7 (b) 所示，角钢框装在风管和弯头中部，其规格可比法兰小一点。

3) 风管大边用角钢加固，如图 6-7 (c) 所示，风管大边超过规定而小边未超过规定时，用法兰规格角钢对大边进行加固，这种方法多适用于暗装风管。

4) 风管内壁设置纵向肋条加固，如图 6-7 (d) 所示；用 1.0~1.5mm 镀锌钢板条作肋条，在风管内壁间断铆住，这种方法多用在明装风管。

5) 风管钢板上滚槽或压棱加固，如图 6-7 (e) 所示。用压力机或其他机械在管壁上作成滚槽。这种方法由于在槽缝内易积存灰尘，在通风空调净化系统中不宜使用。

## （二）法兰制作

法兰用于风管与风管及风管与配件的延长连接，是一种可靠的传统连接方式。法兰连接能增加风管的强度，便于安装和维修，但耗用钢材多，成本较高。

1. 风管法兰的分类及规格

法兰按风管断面形状，分为圆形法兰和矩形法兰。法兰制作所用材料规格应根据圆形风管的直径或矩形风管的大边长来确定，风管法兰用角钢或扁钢制成。薄钢板、不锈钢板及铝板风管用料规格见表 6-10 所列。

法兰用料规格（mm） 表 6-10

| 风管种类 | 圆形风管直径或矩形风管大边长 | 法兰用料规格 | | | |
| --- | --- | --- | --- | --- | --- |
| | | 扁钢 | 角钢 | 扁不锈钢 | 扁铝 |
| 圆形薄钢板风管 | ≤140 | －20×4 | | | |
| | 150～280 | －26×4 | | | |
| | 300～500 | | ∟25×3 | | |
| | 530～1250 | | ∟30×4 | | |
| | 1320～2000 | | ∟40×4 | | |
| 矩形薄钢板风管 | ≤630 | | ∟25×3 | | |
| | 800～1250 | | ∟30×4 | | |
| | 1600～2000 | | ∟40×4 | | |
| 圆、矩形不锈钢风管 | ≤280 | | | －25×4 | |
| | 320～560 | | | －30×4 | |
| | 630～1000 | | | －35×4 | |
| | 1120～2000 | | | －40×4 | |
| 圆、矩形铝板风管 | ≤280 | | ∟30×4 | | －30×6 |
| | 320～560 | | ∟35×4 | | －35×8 |
| | 630～1000 | | | | －40×10 |
| | 1120～2000 | | | | －40×12 |

法兰连接螺栓和与风管连接的铆钉间距，应按管路系统使用的性质来确定。对于高速通风空调系统（如诱导器系统的新风一次风管）和空气洁净系统，间距要求较小，以防止空气渗漏，影响使用效果；对于一般空调系统和除尘系统，其间距要求较大。一般通风空调系统的法兰螺栓和铆钉的间距不应大于 150mm，

空气洁净系统法兰螺栓间距不应大于 120mm，法兰铆钉间距不应大于 100mm。

根据中国建筑科学研究所检验结果，在采用 8501 胶条时，法兰的螺孔间距以不超过 300mm 为宜。

（1）圆形法兰的制作　圆形法兰制作可分为人工和机械加工两种，目前多采用机械进行弯制，如施工现场受条件限制，也可以采用手工加工。

1）手工弯制　手工弯制可分为冷弯和热弯两种。

冷弯法。按所需要的直径和扁钢或角钢的大小，确定下料长度。以 S 表示角钢的下料长度，以 D 表示法兰内径，以 B 表示角钢的宽度。可用公式 $S=\pi\left(D+\dfrac{B}{2}\right)$ 进行计算后，把扁钢或角

图 6-9　冷弯法兰
有凹槽的下模

钢切断，放在如图 6-9 所示冷弯法兰有凹槽的下模中，下模下端的方杆可插在铁徽的方孔内，然后用手锤一点一点的把扁钢或角钢打弯，并用外圆弧度等于法兰内圆弧度的薄钢板样板进行卡圆，使整个扁钢或角钢的圆周和样板一致，直到圆弧均匀，并成为一个整圆后，截去多余部分或补上角钢的缺角，用电焊焊牢，焊好以后再稍加平整找圆，即可进行钻孔，钻孔方法和要求与矩形法兰相同。

热弯法。采用热弯法时，应按需要的法兰直径先做好胎具，把切断的角钢或扁钢放在炉子上加热到红黄色，然后取出放在胎具上弯制。直径较大的法兰可分段多次弯成。如图 6-10 所示。

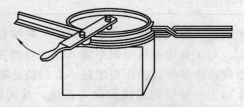

图 6-10　热弯法兰示意图

2) 机械弯制 圆形法兰可用法兰弯制机进行弯制。一般法兰弯制机适用于弯制角钢∠40×40×4和扁钢—40×4以内、直径200mm以上的圆形法兰。

热弯不锈钢法兰时,必须注意加热温度要控制在1100～1200℃范围内,并在弯制后立即浇水急速冷却,以防止不锈钢产生晶间腐蚀。

圆形法兰的螺孔、铆钉孔的数量及螺栓、铆钉的直径,如设计无特殊要求时,应按图6-11和表6-11的要求制作。

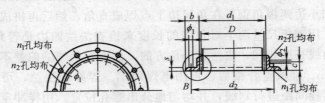

图6-11 圆形法兰

**圆形风管（基本系列）法兰规格** 表6-11

| 序号 | 风管外径 $D$ (mm) | 螺栓孔 | | 铆钉孔 | | 螺栓规格 | 铆钉规格 |
|---|---|---|---|---|---|---|---|
| | | $\phi_1$(mm) | $n_1$(个) | $\phi_2$(mm) | $n_2$(个) | | |
| 1 | 100～140 | 7.5 | 6 | 4.5 | | M6×20 | $\phi$4×8 |
| 2 | 160～200 | | 8 | | 8 | | |
| 3 | 220～280 | | 8 | | 10 | M6×20 | |
| 4 | 320～360 | | 10 | | 12 | | |
| 5 | 400～500 | | 12 | | 14 | | |
| 6 | 560～630 | 9.5 | 16 | 5.5 | 16 | M8×25 | $\phi$5×10 |
| 7 | 700～800 | | 20 | | 20 | | |
| 8 | 900 | | 22 | | 22 | | |
| 9 | 1000 | | 24 | | 24 | | |
| 10 | 1120 | | 26 | | 26 | | |
| 11 | 1250 | | 28 | | 28 | | |
| 12 | 1400 | | 32 | | 32 | | |
| 13 | 1600 | | 36 | | 36 | | |
| 14 | 1800 | | 40 | | 40 | | |
| 15 | 2000 | | 44 | | 44 | | |

(2) 矩形法兰的制作 矩形法兰是由四根角钢组成,其中两根等于风管的小边长,另两根均等于风管的大边长加两个角钢宽

度。划线时，应注意使焊成后的法兰内径，不能小于风管的外径。划线后，可用手锯、电动切割机或角钢切断机进行切断，有条件时最好用联合冲剪机切断。切断后，把角钢调直，并端头的毛刺用砂轮磨掉，然后在钻床上钻出铆钉孔，即可进行焊接。

为了保证法兰的平整，焊接应在平台上进行。焊接前应复核角钢长度，使焊成的法兰内径不大于允许误差，否则法兰不能很好地套接在风管上。边长 500mm 以内的风管，法兰允许大 2mm，500mm 以上的风管，法兰允许大 3mm。接法兰时，先把大边和小边两根角钢靠在角尺边上点焊成直角，然后再拼成一个法兰。用钢板尺量两个对角线的长度来检查法兰四边是否角方，如对角线长度相同，法兰就是角方的，两个对角线的偏差不得大于 3mm。经检查合格后，再用电焊焊牢。焊好的法兰，可按规定的螺栓间距进行划线，并均匀地分出螺孔位置，用样冲定点后钻孔。为了安装方便，螺孔直径应比螺栓直径大 1.5～2mm。为了使同规格的法兰能够通用互换，可用样板或将两个相配套的法兰用夹子固定在一起，在台钻上钻出螺栓孔。

圆形法兰和矩形法兰制作上的质量通病，主要表现在以下几方面：

法兰表面不平整，互换性差。圆形法兰旋转任何角度、矩形法兰旋转 180°后，与同规格的法兰螺孔不重合。

圆形法兰圆度差。矩形法兰两对角线不相等，超过允许的偏差。

圆形法兰内径、矩形法兰内边尺寸超过允许偏差等。

为了杜绝以上质量通病，在法兰制作时必须达到表 6-12 所列的质量检验评定标准。

法兰制作质量检验评定标准　　　　表 6-12

| 项次 | 项目 | 允许偏差(mm) | 检验方法 |
| --- | --- | --- | --- |
| 1 | 圆形法兰直径 | +2<br>0 | 用尺量互成 90°的直径 |
| 2 | 矩形法兰边长 | +2<br>0 | 用尺量四边 |

续表

| 项次 | 项目 | 允许偏差(mm) | 检验方法 |
|---|---|---|---|
| 3 | 矩形法兰两对角线之差 | 3 | 尺量检查 |
| 4 | 法兰平整度 | 2 | 法兰放在平台上,用塞尺检查 |
| 5 | 法兰焊缝对接处的平整度 | 1 | 法兰放在平台上,用塞尺检查 |

### (三) 风管配件的制作

#### 1. 圆形弯头的制作

圆弯头也就是圆弯管,是用来改变通风管道方向的配件。

圆形弯头可按需要的中心角,由若干个带有双斜口的管节和两个带有单斜口的管节组对而成。一般通风空调系统的圆形弯头弯曲半径和最少节数见表6-13。

圆形弯头弯曲半径和最少节数　　　表6-13

| 弯头直径 $D$ (mm) | 弯曲半径 $R$ | 弯头角度和最少节数 | | |
|---|---|---|---|---|
| | | 90° | | |
| | | 中节数 | 端节数 | 简图 |
| 80~220 | ≥1.5$D$ | 2 | 2 | 15°/30° |
| 220~450 | $D$~1.5$D$ | 3 | 2 | 11°15′/22°30′ |
| 450~800 | $D$~1.5$D$ | 4 | 2 | 9°/18° |

续表

| 弯头直径 $D$ (mm) | 弯曲半径 $R$ | 弯头角度和最少节数 90° | | |
|---|---|---|---|---|
| | | 中节数 | 端节数 | 简图 |
| 800～1400 | $D$ | 5 | 2 | 7°30′ / 15° |
| 1400～2000 | $D$ | 8 | 2 | 5° / 10° |

| 弯头直径 $D$ (mm) | 弯曲半径 $R$ | 弯头角度和最少节数 60° | | |
|---|---|---|---|---|
| | | 中节数 | 端节数 | 简图 |
| 80～220 | $\geqslant 1.5D$ | 1 | 2 | 15° / 30° |
| 220～450 | $D$～$1.5D$ | 2 | 2 | 10° / 20° |
| 450～800 | $D$～$1.5D$ | 2 | 2 | |
| 800～1400 | $D$ | 3 | 2 | 7°30′ / 15° |
| 1400～2000 | $D$ | 5 | 2 | 5° / 10° |

续表

| 弯头直径 $D$ (mm) | 弯曲半径 $R$ | 弯头角度和最少节数 | | |
|---|---|---|---|---|
| | | 45° | | |
| | | 中节数 | 端节数 | 简图 |
| 80~220 | ≥1.5$D$ | 1 | 2 | 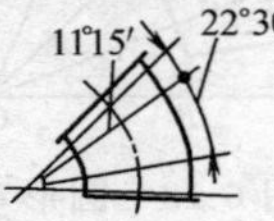 11°15′　22°30′ |
| 220~450 | $D$~1.5$D$ | 1 | 2 | |
| 450~800 | $D$~1.5$D$ | 1 | 2 | |
| 800~1400 | $D$ | 2 | 2 | 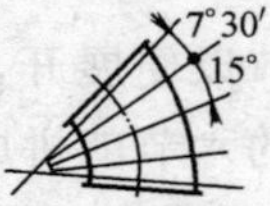 7°30′　15° |
| 1400~2000 | $D$ | 3 | 2 | 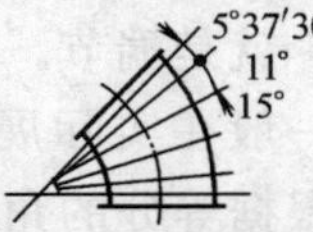 5°37′30″　11°　15° |

| 弯头直径 $D$ (mm) | 弯曲半径 $R$ | 弯头角度和最少节数 | | |
|---|---|---|---|---|
| | | 30° | | |
| | | 中节数 | 端节数 | 简图 |
| 80~220 | ≥1.5$D$ | — | 2 | 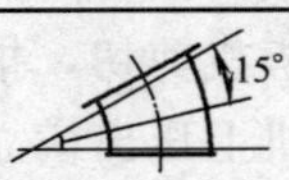 15° |
| 220~450 | $D$~1.5$D$ | — | 2 | |
| 450~800 | $D$~1.5$D$ | 1 | 2 | 7°30′　15° |
| 800~1400 | $D$ | 1 | 2 | |
| 1400~2000 | $D$ | 2 | 2 |  5°　10° |

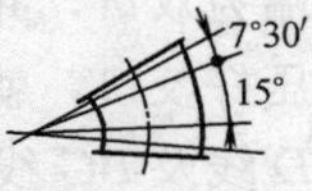

圆形弯头的展开方法是,根据已知的弯头直径、角度及确定的弯曲半径和节数,先画出主视图。如图 6-12 所示,直径为 320mm,角度为 90°,3 个中节、2 个端节,$R$ 为 1.5$D$ 的圆形弯头。

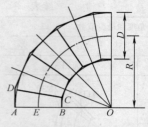

图 6-12 圆形弯头

先画一个 90°直角,以直角的交点为圆心,用已知弯曲半径 $R$ 为半径,画出弯头的轴线,取轴线和直角边的交点 $E$ 为中点,以已知弯头直径截取 $A$ 和 $B$ 两点,以 $O$ 为圆心,经点 $A$ 和点 $B$ 引出弯头的外弧和内弧。

因 90°弯头由三个中节和两个端节组成,一个中节为两个端节,为了取得端节以便展开,先将 90°圆弧 8 等分,两端的两节即为端节,中间的六节就拼成三个中节。然后再划出各节的外圆切线。切线 $AD$ 为端节的"背高",$BC$ 为端节的"里高",由 $ABCD$ 构成的梯形,就是端节。

一般在实际展开操作时,可根据弯头节数、确定 90°的等分,根据等分的角度和弯曲半径及弯头直径,就能直接画出端节。端节可用前面介绍过的平行线法展开。

展开好的端节,应放出咬口留量,然后用剪好的端节或中节作样板,按需要的数量在板材上画出剪切线,用手剪或振动式曲线剪板机剪切,拍好纵咬口,加工成带斜口的短管。然后在弯头咬口机上压出横立咬口,压咬口时,应注意每节压成一端单口,另一端为双口,并应注意把各节的纵向咬口错开。

压好咬口,就可进行弯头的组对装配。装配时,应把短节上的 $AD$ 线及 $BC$ 线与另一短节上的 $AD$ 线及 $BC$ 线对正,以避免弯头发生歪扭。弯头可用弯头合缝机或钢制方锤在工作台上进行合缝。

### 2. 矩形弯头的制作

矩形弯头有内外弧弯头、内弧形弯头及内斜线弯头,弯头的形状如图 6-13(*a*)、(*b*)、(*c*)所示。矩形弯头由两块侧壁、弯头背和弯头里四部分构成。工程上经常采用内外弧弯头,如受到现场条件的限制,可采用内弧形弯头或内斜线弯头。当内弧形和

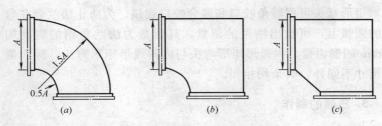

图 6-13　矩形弯头
(a) 内外弧弯头；(b) 内弧形弯头；(c) 内斜线弯头

内斜线弯头的外边长 $A \geqslant 500$mm 时，为使气流分布均匀，弯头内应设导流片。导流片通过连接板用铆钉装配在弯头壁上，连接板铆孔间距约为 200mm。导流片的材质及材料厚度与风管一致，导流片的角度与弯管的角度一致，导流片在弯头内的配置应符合设计规定，当设计无规定时，应按

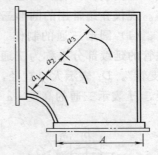

图 6-14　矩形弯头导流片的配置

图 6-14 和表 6-14 执行。导流片的迎风侧边缘应圆滑，其两端与风管的固定要牢固，同一弯头内导流片的弧长应一致。

矩形弯头导流片的配置尺寸（mm）　表 6-14

| 边长 | 片数 | $a_1$ | $a_2$ | $a_3$ | $a_4$ | $a_5$ | $a_6$ | $a_7$ | $a_8$ | $a_9$ | $a_{10}$ | $a_{11}$ | $a_{12}$ |
|---|---|---|---|---|---|---|---|---|---|---|---|---|---|
| 500 | 4 | 95 | 120 | 140 | 165 | — | — | — | — | — | — | — | — |
| 630 | 4 | 115 | 145 | 170 | 200 | — | — | — | — | — | — | — | — |
| 800 | 6 | 105 | 125 | 140 | 160 | 175 | 195 | — | — | — | — | — | — |
| 1000 | 7 | 115 | 130 | 150 | 165 | 180 | 200 | 215 | — | — | — | — | — |
| 1250 | 8 | 125 | 140 | 155 | 170 | 190 | 205 | 220 | 235 | — | — | — | — |
| 1600 | 10 | 135 | 150 | 160 | 175 | 190 | 205 | 215 | 230 | 245 | 255 | — | — |
| 2000 | 12 | 145 | 155 | 170 | 180 | 195 | 205 | 215 | 230 | 240 | 255 | 265 | 280 |

矩形弯头可用转角咬口和联合咬口连接。为防止法兰套在弯头的圆弧上，可放出法兰的留量，其留量为法兰角钢的宽度加10mm的翻边量。内弧形矩形弯头与内斜线形矩形弯头，除内侧板尺寸不同外，其余均相同。

**3. 三通的制作**

三通是风管系统中起分叉或汇集作用的的管件。三通的形式、种类较多，有斜三通、直三通、裤叉三通、弯头组合式三通等。现仅介绍常用的圆形三通和矩形三通。

(1) 圆形三通的制作　图 6-15 和图 6-16 所示的圆形三通，风管的延续部分 1 称为三通的"主管"，分支部分 2 称为三通的"支管"。$D_1$ 表示大口直径，$D_2$ 表示小口直径，$D_3$ 表示支管直径，$H$ 表示三通的高度，$\alpha$ 表示主管和支管轴线的夹角。

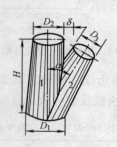

图 6-15　圆形三通
1—风管延续部分；2—风管分支部分

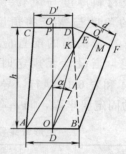

图 6-16　圆形三通主视图

主管和支管轴线的夹角 $\alpha$，应根据三通直径大小来确定。$\alpha$ 角较小时，三通的高度较大，$\alpha$ 角较大时，三通的高度较小。加工直径较大的三通时，为避免三通高度过大，应采用较大的交角。一般通风系统三通的夹角为 15°～60°。除尘系统可采用 15°～30°。

主管和支管边缘之间的开档距离 $\delta$，应能保证便于安装法兰，并紧固法兰螺栓。

制作三通时,画好展开图后,根据连接方法留出咬口留量和法兰留量,用机械或手工剪切下料。三通接合缝的连接形式,应根据板材的材质、厚度决定。厚度小于1.2mm的镀锌钢板和普通薄钢板,可采用咬接。厚度大于1.2mm的镀锌钢板可采用铆接。厚度大于1.2mm的普通薄钢板可采用焊接。咬口连接中还包括插条连接。

当用插条时,主管和支管可分别进行咬口、卷圆,把咬口压实,加工成独立的部件,把对口部分放在平钢板上检查是否吻合,然后进行接合缝的折边工作,把支管和主管都折成单平折边,如图6-17所示。将加工好的插条,用木锤轻轻插入三通接合缝内,使主管和支管紧密接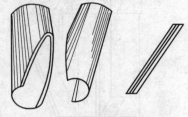

图6-17 三通的插条连接法

合,再用小锤和衬铁,将插条打紧打平。

当采用焊接连接时,可用对接缝形式。如果板材较薄,可将接合缝处的板扳起5mm的立边,再用气焊焊接。

当采用咬口连接时,可用覆盖法(俗称大咬)进行。在展开时,将纵向闭合咬口留在侧面。操作时,把剪好的板材,先拍制好纵向闭合咬口,把展开的主管平放在展开的支管上,按图6-18中1和2所示步骤加工接合缝的咬口,然后用手册开主管和支管,把接合缝打紧、打平,如图6-18中3和4所示。最后把主管和支管卷圆,并打紧打平纵向闭合咬口,再进行三通的找圆

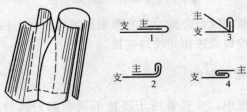

图6-18 三通覆盖法咬接

和修整工作。

圆形风管三通采用咬口连接,也可把接合缝处做成单咬口的形式,最后再把立咬口打平,并加以修整。

(2) 矩形三通的制作　矩形三通由 5 部分组成,即上、下侧壁和前、后侧壁及一块夹壁。如图 6-19 所示。

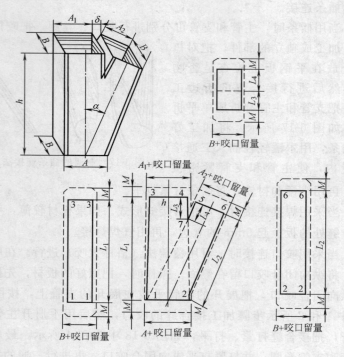

图 6-19　矩形斜三通的展开图

矩形三通的咬口方法,基本与矩形风管相同,可采用单角咬口,联合角咬口或按扣式咬口连接。

### 4. 变径管的制作

通风系统中,变径管用于连接不同断面的风管(圆形或矩形)以及风管尺寸变更的地方。一般情况下,变径管的扩张角应在 250°～350°之间,其长度按现场安装需要而定。变径管的种类有圆形变径管(圆大小头),矩形变径管(矩形大小头),圆形断面变成矩形断面的变径管(天圆地方)。

(1) 圆形变径管的制作  圆形变径管的制作应先按前面介绍的方法画展开图,再按展开图进行划线下料,根据展开图的大小,圆形变径管可用一块板材制成,也可分两块或若干块板材拼成。

圆形变径管的制作方法基本和圆形直管相同。圆形变径管展开后,应放出咬口裕量,并根据选用的法兰规格,留出法兰的翻边量。当采用角钢法兰时,如果变径管的大口直径和小口直径相差较大时,就会出现小口端角钢法兰套不进去和大口端角钢法兰不能和风管贴紧的情况,如图 6-20 所示。这样就得在小口端和大口端各加一段短直管,而加设短直管必将增大变径管的高度。因此,在变径管下料时,就要考虑到上述情况,把短管的尺寸留准确,以免返工。如果变径管的大口直径和小口直径相差较小,则不会出现上述情况,即不必在变径管的两端加短直管。

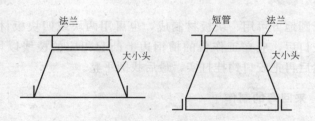

图 6-20  圆形变径管的角钢法兰

(2) 矩形变径管的制作  矩形变径管有双面偏和单面偏变径管,这些均根据管路情况而定。图 6-21 所示为矩形变径管。矩形变径管制作尺寸已标准化,变径管的长度 $H$ 按下式计算:

$$H=(A_1-A_2)\times 1.5+100$$

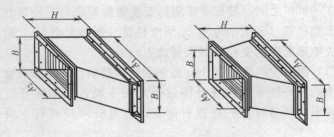

图 6-21　矩形变径管

矩形变径管下料时，除放出咬口裕量外，还应根据选用的法兰留出过渡直管段和法兰翻边量，否则将会产生法兰套不进，或法兰虽然套进去了，但不能与风管贴紧而造成返工。

（3）天圆地方的制作　天圆地方用于圆形断面与矩形断面的连接，例如风管与通风机、空气加热器等设备的连接。其加工步骤与上述两种变径管大致相同。天圆地方的展开方法很多，可用前述的三角形法展开，如偏心天圆地方的展开。也可用近似的锥体展开法来展开，使用这种方法比较简单，圆口和方口尺寸正确，但高度比实际需要高度稍小，一般可在上法兰时加以修正。

天圆地方可用一块板材制成，也可用两块或四块板材拼成。拍好咬口后，应在工作台的槽钢边上凸起相应的棱线以增加强度，然后再把咬口钩挂打实，最后找圆平整。

**5. 来回弯的制作**

来回弯是用来跨越或避让其他管道或障碍物用的风管配件，是用两个不够 90°的弯头转向组成的，弯头角度由偏心距离 $h$ 和来回弯的长度 $L$ 决定，如图 6-22 所示。

圆形来回弯制作采用与圆形弯头基本相同的方法，对来回弯进行分节展开和加工成形。

矩形来回弯由两个相同的侧壁和两个相同的上下壁组成，如图 6-23 所示，加工方法与矩形风管相同。

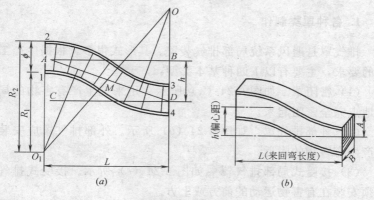

图 6-22 来回弯图
(a) 圆形来回弯侧面；(b) 矩形来回弯外形

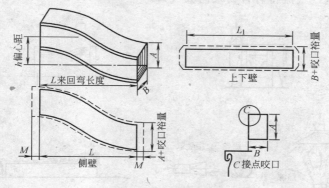

图 6-23 矩形来回弯的展开

## （四）风管部件的制作

通风、空调系统的部件，包括各类风口、诱导器、各类风阀、排气罩、风帽、柔性短管和变风量装置等。

通风、空调系统的部件，一般是按国家标准图或设计部门的重复使用图制作。目前，各类风阀和各类风口均有专门厂家生产，仅有少数部件需要在现场制作。

## 1. 各种罩类制作

排气罩是通风系统局部排气装置。其形式很多，根据生产工艺的要求，主要有以下四种基本类型：

（1）密闭罩　如图 6-24（a）所示。用来把生产有害物的局部地点完全密闭起来。

（2）外部排气罩　如图 6-24（b）所示。外部排气罩应安装在产生有害物的附近。

（3）接受式局部排气罩　如图 6-24（c）所示。接受式排气罩须安装在有害物运动的前方或上方。

（4）吹吸式局部排气罩　如图 6-24（d）所示。这种排气罩利用吹气气流将有害物吹向吸气口。

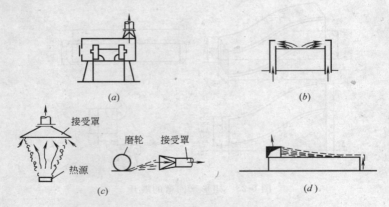

图 6-24　局部排气罩的基本类型
（a）密闭罩；（b）外部排气罩；（c）接受式局部排气罩；（d）吹吸式局部排气罩

制作排气罩应符合设计或全国通用标准图集的要求，制作尺寸应准确，连接处应牢固，其外壳不应有尖锐边缘。对于带有回转或升降机构的排气罩，所有活动部件应动作灵活，操作方便。

## 2. 风帽制作

风帽是装在排风系统的末端，利用风压的作用，加强排风能力的一种自然通风装置。同时可以防止雨雪流入风管内。

在排风系统中一般使用伞形风帽（通用标准图集 T609）、锥形风帽（T601）和筒形风帽（T611）向室外排出污浊空气。

（1）伞形风帽　伞形风帽适用于一般机械排风系统，如图 6-25（a）所示。伞形风帽可按圆锥形展开，咬口制成。当通风系统的室外风管厚度与 T609 所示风帽不同时，可按室外风管厚度制作。伞形风帽按 T609 标准图所绘共有 17 个型号。支撑用扁钢制成，用以连接伞形帽。

（2）锥形风帽　锥形风帽（图 6-25b）适用于除尘系统。有 $D=200\sim1250mm$，共 17 个型号。制作方法主要按圆锥形展开下料组装。

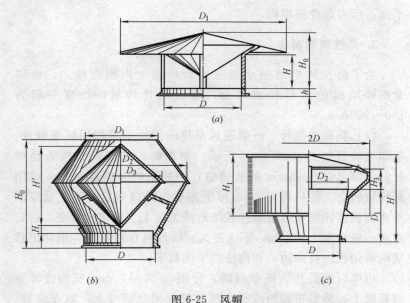

图 6-25　风帽
(a) 伞形风帽；(b) 锥形风帽；(c) 筒形风帽

（3）筒形风帽　筒形风帽比伞形风帽多了一个外圆筒，在室外风力作用下，风帽短管处形成空气稀薄现象，促使空气从竖管排至大气，风力越大，效率就越高，因而适用于自然排风系统。

筒形风帽主要由伞形罩、外筒、扩散管和支撑四部分组成。按标准图 T611 所示，有 $D=200\sim1000mm$ 共 9 个型号。

伞形罩按圆锥形展开咬口制成。圆筒为一圆形短管，规格小时，帽的两端可翻边卷铁丝加固。规格较大时，可用扁钢或角钢做箍进行加固。扩散管可按圆形大小头加工，一端卷铁丝加固，一端铆上法兰，以便与风管连接。

挡风圈也可按圆形大小头加工，大口可用卷边加固，小口用手锤錾出 5mm 的直边和扩散管点焊固定。支撑用扁钢制成，用来连接扩散管、外筒和伞形帽。

风帽各部件加工完后，应刷好防锈底漆再进行装配；装配时，必须使风帽形状规整、尺寸准确，不歪斜，旋转风帽重心应平衡，所有部件应牢固。

### 3. 柔性短管制作

为了防止风机的振动通过风管传到室内引起噪声，所以常在通风机的入口和出口处，装设柔性短管，长度一般为 $150\sim200mm$。

（1）帆布连接管　一般通风系统的柔性短管都用帆布做成。帆布连接管如图 6-26（a）所示。制作时，先把帆布按管径展开，并留出 $20\sim25mm$ 的搭接量，用线把帆布缝成短管，或用缝纫机缝合。然后再用 1mm 厚的条状镀锌薄钢板或刷了油漆的黑薄钢板连同帆布短管铆接在角钢法兰盘上。连接应紧密，铆钉距离一般为 $60\sim80mm$，不应过大。铆好帆布短管后，把伸出管端的薄钢板进行翻边，并向法兰平面敲平。

也可以把展开的帆布两端，分别与 $60\sim70mm$ 宽的镀锌薄钢板咬上，然后再卷圆或折方将薄钢板闭合缝咬上，帆布缝好，最后用两端的薄钢板与法兰铆接，如图 6-26（b）所示。

（2）塑料布连接管　风管输送腐蚀性气体时，宜用聚氯乙烯塑料布制成。制作时，先把塑料布按管径展开，并留出 $10\sim15mm$ 搭接量和法兰留量，法兰留量应按使用的角钢规格留出。

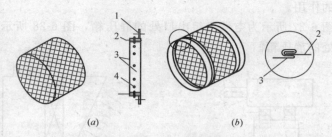

图 6-26 帆布连接短管
1—法兰盘；2—帆布短管；3—镀锌薄钢板；4—铆钉

焊接时，先把焊缝按线对好，用端部打薄的电烙铁插到上下两块塑料布的叠缝中加热，到出现微量的塑料浆时，用压辊把塑料布压紧，使其粘合在一起。电烙铁沿焊缝慢慢移动，压辊也跟在烙铁后面压合被加热的塑料布。为了使接缝牢固，一边焊完后，应把塑料布翻身，再焊搭接缝的另一边。

焊接的电烙铁温度应保持在 210～230℃ 之间，避免过热烧焦塑料布。可用调压变压器来控制温度。

输送耐腐蚀性气体的柔性短管也可选用耐酸橡胶来制作。

(3) 空气洁净系统的柔性短管　空气洁净系统的柔性短管应选用里面光滑不产尘、不透气的软橡胶板、人造革、涤胶帆布等材料制作，连接应严密不漏气。

(4) 防潮柔性短管　如需防潮，可在帆布短管上刷帆布漆（如 Y02-11 帆布漆），不得涂刷油漆，防止帆布失去弹性和伸缩性，起不到减振作用。

(5) 矩形的柔性短管　搭接缝可放在中间，对其四边的缺角，应用小块料补上。

柔性短管的接合缝应牢固、严密，并不得作为异径管使用。

### 4. 静压箱的制作

在空调机组出口或送风口（如散流器等）处设置静压箱，可以起到稳定气流的作用。如果在静压箱内壁贴消声材料，还可起消声的作用。

图 6-27 所示为空调机组出口处的静压箱，图 6-28 所示为出风口处的静压箱。

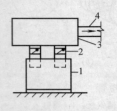 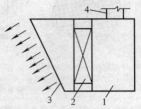

图 6-27　空调机组出口处的静压箱
1—空调机组；2—启动阀；
3—静压箱；4—风管

图 6-28　出风口处的静压箱
1—静压箱；2—过滤器（设计要求时）；3—风口；4—风管

静压箱可由金属薄钢板制作或由非金属材料制作。由金属薄钢板制作时，制作方法与金属薄钢板风管制作方法相同。

对洁净空调系统，机房风管上的静压箱宜用 2mm 薄钢板进行焊接，但必须避免焊接变形。支管上的静压箱还应作镀锌处理。静压箱的接缝应尽量减少。静压箱与风管的连接应采用联合咬口、转角咬口的连接方式，静压箱与风管的连接如图 6-29 所示，如采用插接式连接容易造成漏风。

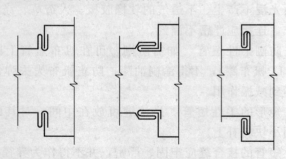

图 6-29　静压箱与风管的连接

## 5. 消声器的制作

消声器是一种消声装置，在通风、空调系统中用来降低风机产生的空气动力性噪声，阻止或降低噪声传播到空调房间内。一般安装在风机出口水平总风管上，在空调系统中有的将消声器安装在各个送风口前的弯头内，称为消声弯头。消声弯头的平面大于800mm时，应加设导流吸声片。导流吸声片表面应平滑、圆弧均匀，与弯管连接应紧密牢固。

空气洁净系统使用消声器时，应选用不易产尘和积尘的结构及吸声材料，如微穿孔板消声器等。

消声器的种类和构造形式较多，按消声器的原理可分为四种基本类型，即阻式、抗式、共振式及宽频带复合消声器等。

阻式消声器是用多孔松散材料消耗声能来降低噪声的。这类消声器有管式、片式、蜂窝式、折板式、迷宫式及声流式等，其构造形式如图6-30所示。它对中高频噪声有良好的消声作用。

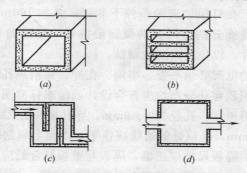

图6-30 阻式消声器
(a) 管式；(b) 片式；(c) 迷宫式；(d) 单室式

抗式消声器又叫膨胀式消声器，是利用管道内截面突变，声能在腔室内来回反射时被消耗来降低噪声的，它的构造是小室与风管相连。对低频噪声有较好的消声效果。这类消声器有单节、多节和外接式、内插式等。

共振式消声器是利用穿孔板小孔的空气柱和空腔（即共振腔）内的空气，构成一个弹性系统，外界噪声将引起小孔处空气柱的强烈共振，空气柱与小孔壁发生剧烈摩擦而消耗声能，从而起到消声作用。

宽频带复合式消声器吸收了阻式、抗式及共振式消声器的优点，从低频到高频都具有良好的消声效果。它是利用管道截面突变的抗性消声原理和腔面构成共振吸声，并利用多孔吸声材料的阻性消声原理，消除高频和大部分中频的噪声。

消声器的制作基本上实现了工厂化，由专业厂家生产，一般不在现场制作。

制作消声器的吸声材料，应符合设计规定的防火、防腐、防潮和卫生要求，常用的有超细玻璃棉、卡普隆纤维、玻璃纤维板、聚氨酯泡沫塑料、工业毛毡等。填充吸声材料应按设计规定的密度，均匀填充。填充吸声材料的密度，矿棉和玻璃丝为 $170 kg/m^3$，卡普隆纤维为 $38 kg/m^3$。

为保持消声片各部分厚度均匀，消声片的覆面层的玻璃丝布必须拉紧后，在钉距加密的条件下装钉，并按 $100mm \times 100mm$ 的间距用尼龙线分别将两面的覆面层拉紧，钉覆面材料的泡钉时，应加垫片，以免覆面层被划破。

消声器的框架必须平整、牢固。在冲、钻消声孔时，穿孔直径、穿孔面积和穿孔分布均应符合设计或国家标准图的要求。对弧形声流式消声器，孔径为 $8 \sim 9mm$，穿孔面积为 $22\%$，孔与孔中心距为 $12mm$，孔口处的边缘应锉平，以免毛刺划破覆面。

共振腔的隔板尺寸应正确，隔板与壁板结合处应贴紧。

弧形声流式消声器的消声片片距必须相等，如片距不等时，可利用固定拉杆进行调整。

管式消声器及消声弯管的内衬的消声材料应均匀贴紧，不得脱落，拼缝密实，表面平整。

下面以较常用的阻抗复合式消声器为例说明其制作要点。

阻抗复合式消声器的阻抗消声是靠阻性吸声片和抗式消声的内管截面突变、内外管之间膨胀室的作用来实现消声的，对低频及部分中频噪声有较好的消声效果。国家标准图中列有多种规格可供选用，其中 1~4 号消声器有三个膨胀室，5~10 号消声器有两个膨胀室，其膨胀比即为消声器外形断面积与气流通道有效面积的比值。膨胀比越大，则低频消声性能越好，但消声器的体积较大，应合理的选择。一般消声器的膨胀比为 3~4 左右。阻抗复合式消声器的构造如图 6-31 所示。图中所示为 4 号消声器，其阻式吸声片有两条。

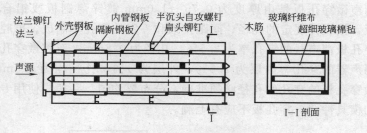

图 6-31　阻抗复合式消声器

制作阻抗复合式消声器时应注意以下几点：

1) 各膨胀室的缝隙要严密，膨胀室的内管和外壳间的隔断钢板要铆接牢固，以保证消声效果。

2) 阻性吸声片是用 50mm×25mm 的木筋制成木框，内填超细玻璃棉，外包玻璃丝布，每个吸声片内填超细玻璃棉时，须按密度 18kg/m³ 铺放均匀，并有防止下沉的措施。消声材料的覆面层不得有破损，搭接时要顺气流，且界面不得有毛边。消声器内直接迎风的布质覆面应有保护措施。

3) 用圆钉将吸声片装成吸声片组，并用铆钉将横隔板与内管分段铆接牢固，再用半圆头木螺丝将各段内管与吸声片组固定，外管与横隔板、外管与消声器两端盖板、盖板与内管分别用半沉头自攻螺钉固定，最后再安装两端法兰。对于尺寸较大的 7~10 号消声器，内管各分段及其与隔板的连接均用半圆头带帽螺钉紧固。

4) 采用多节消声器串联时，只需在串联消声器组的两端吸声片上做三角形导风木条，不需要每节都做三角形导风木条。

除上述几种消声器外，微穿孔板消声器具有良好的消声性能，气流阻力小，再生噪声低。它采用具有微小穿孔的金属板作为消声材料,适用于空气洁净系统及潮湿、高温、高速气流中使用。

微穿孔板消声器有直管形和弯头形,且分为单腔和双腔两种,如图 6-32 所示。双腔微穿孔板消声器的消声性能更好一些。消声微穿孔板是由厚度为 0.75～1.0mm 镀锌薄钢板或铝合金板,按设计规定的孔径、间距排列和一定的穿孔率制成。单腔微穿孔板消声器的穿孔率为 2.5%,孔径为 0.8mm。双腔微穿孔板消声器的穿孔率内层为 2.5%,外层为 1%,孔径均为 0.8mm。微穿孔板的穿孔的孔径必须准确,分布要均匀。一般应使用专用的模具冲孔,穿孔板不应有毛刺。

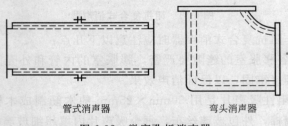

管式消声器　　　　弯头消声器

图 6-32　微穿孔板消声器

# 七、通风空调系统与设备的安装

## （一）通风空调系统的安装

一般通风空调工程系统的安装，应在土建主体工程、地坪完工以后进行。为了给通风系统的安装创造条件，在土建施工时，应派人配合土建做好孔洞预留和预埋件工作，以免安装时再打洞。对于较大的孔洞，会审图纸时应与土建图进行核对，土建图上已经准确标明的孔洞，应由土建单位负责。

**1. 安装前的准备工作**

（1）认真熟悉图纸，进一步核实标高、轴线、预留孔洞，预埋件等是否符合要求，以及与风管相连接的生产设备安装情况。
（2）根据现场实际工作量的大小和工期，组织劳动力。
（3）确定施工方法和相应的安全措施。
（4）准备好辅助材料。如螺丝、垫料等。
（5）准备好安装所需要的工具。如活动扳手、螺丝刀、钢锯、手锤、线坠、钢卷尺、水平尺、滑轮、麻绳、倒链、冲击电钻等。

**2. 支吊架安装**

风管的支吊架要根据现场情况和风管的重量，可采用圆钢、扁钢、角钢、槽钢制作，既要节约钢材，又要保证支架的强度、刚度。具体可参照国家标准图。

（1）支吊架安装的要求

1) 风管支吊架的设置应按国标图集、规范,并结合现场实际情况选用强度和刚度相适应的形式、规格和间距。

2) 支吊架不宜设置在风口、阀门、检查门及自控机构处,离风口或插接管的距离不宜小于 200mm。

3) 风管水平安装,直径或长边尺寸小于等于 400mm,支吊架间距不应大于 4m;直径或长边大于 400mm,支、吊架间距不应大于 3m;螺旋风管的支、吊架间距可分别延长至 5m 和 3.75m;对于薄钢板法兰的风管,其支吊架间距不应大于 3m。

4) 风管垂直安装,支架间距不应大于 4m,单根直管至少应有 2 个固定点。

5) 当水平悬吊的主、干风管长度超过 20m 时,应设置 1~2 个防止晃动的固定点。

6) 对于直径或长边大于 2500mm 的超宽、超重等特殊风管的支、吊架,应按工程设计进行制作和安装。

7) 抱箍支架、折角应平直,抱箍应紧贴并箍紧风管。安装在支架上的圆形风管应设托座和抱箍,其圆弧应均匀,且与风管外径相一致。

8) 吊架的螺孔应采用机械加工,不得用气割。吊杆应平直,螺纹完好。安装后各支吊架受力应均匀,无明显变形。

风管或空调设备使用的可调隔振支吊架的拉伸或压缩量,应按设计的要求进行调整。

9) 风管转弯处两端应加支架。

10) 干管上有较长的支管时,则支管上必须设置支吊架,以免干管承受支管的重量而造成损坏。

11) 风管与通风机、空调器及其他振动设备的连接处,应设置支架,以免设备承受风管的重量。

12) 在风管穿楼板和穿屋面处,应加固定支架,具体做法如设计无要求时,可参照标准图集。

13) 不锈钢板、铝板风管与碳素钢支架不能直接接触,应有隔绝或防腐绝缘措施。

14）当风管有保温层时，支吊架上的钢件不能与金属风管直接接触，应在支吊架与风管间加垫与保温层同样厚度的防腐垫木。

（2）支、吊架的形式

1）砖墙上的支架。砖墙上的支架现在已广泛采用膨胀螺栓固定，也可以用传统的栽埋的方法。栽埋角钢支架要先在砖墙上打出比角钢尺寸略大、比角钢栽埋深度更深一些的方洞，用1：3水泥砂浆与适当浸过水的石块和碎砖块拌和后进行填塞，最后外表面应稍低于墙面，以便于土建对墙面进行处理。砖墙上的支架形式如图7-1所示。

2）柱上支架。在混凝土柱或砖柱上设置支架，可用柱面预埋有铁件（可将支架型钢焊接在铁件上面）、预埋螺栓（可将支架型钢紧固在上面）和抱箍夹固等方法，将支架固定在柱子上，如图7-2所示。

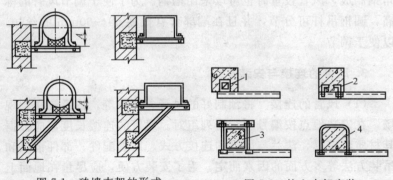

图7-1 砖墙支架的形式　　图7-2 柱上支架安装
1—预埋件焊接；2—预埋螺栓紧固；
3—双头螺栓紧固；4—抱箍紧固

3）吊架安装。风管敷设在楼板、屋面、衍架及梁下面并且离墙较远时，一般都采用吊架来固定风管。

矩形风管的吊架由吊杆和托铁组成，圆形风管的吊架由吊杆和抱箍组成，如图7-3所示。当吊杆（拉杆）较长时，中间可加

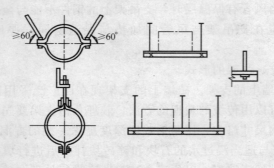

图 7-3 风管吊架

装花篮螺丝，以便调节各杆段长度。

圆形风管的抱箍可按风管直径用扁钢制成。为了安装方便，抱箍做成两个半边。单吊杆长度较大时，为了避免风管摇晃，应该每隔两个单吊杆，中间加一个双吊杆。矩形风管的托铁一般用角钢制成，风管较重时也可以采用槽钢。为了便于调节风管的标高，圆钢吊杆可分节，并且在端部套有长度 50～60mm 的丝扣，以便于调节。

**3. 风管的连接与安装**

(1) 风管的连接　将预制好的风管、部件等，按系统送到现场，在安装地点按编号进行排列组对。风管的连接长度，应根据其材质、壁厚、法兰与风管的连接方式、风管配件、部件情况和吊装方法等多方面的因素而定。为了安装方便，应尽量在地面上进行组对连接。在风管连接时应避免将法兰接口处装设在穿墙洞或楼板洞内。

风管接口的连接应严密、牢固。风管法兰的垫片材质应符合系统功能的要求，厚度不应小于 3mm。垫片不应进入管内，亦不宜突出法兰外。法兰的垫料选用，如设计无明确规定时，可按下列要求选用：

1) 输送空气温度低于 70℃ 的风管，应用橡胶板、闭孔海绵橡胶板等。

2）输送空气或烟气温度高于70℃的风管，应用石棉绳或石棉橡胶板等。

3）输送含有腐蚀性介质气体的风管，应用耐酸橡胶板或软聚氯乙烯板等。

4）输送产生凝结水或含有蒸汽的潮湿空气的风管，应用橡胶板或闭孔海绵橡胶板。

5）除尘系统的风管，应用橡胶板。

法兰连接时，把两个法兰对正，穿上螺丝。紧固螺丝时，不要一个挨一个地拧紧，而应对称交叉逐步均匀地拧紧。拧紧螺丝后的法兰，其厚度差不要超过2mm。螺帽应在法兰的同一侧。风管连接长度，应根据风管的管壁厚度、法兰、风管的连接方法和吊装方法等具体情况而定。在地坪上进行法兰连接比较方便，一般可组装成10~12m左右的管段，进行吊装。

（2）风管的安装　风管安装前，应检查支吊架等固定件的位置是否正确，生根是否牢固。滑轮或倒链一般可挂在梁、柱上。水平风管绑扎牢靠后，就可进行起吊。起吊时，使绳索受力均衡。当风管离地200~300mm时，应暂停起吊，再次检查滑轮的受力点和绳索、绳扣是否正常。如没有问题，再继续吊到安装高度，用已安装的支吊架把风管固定后，方可解开绳索。风管可用支吊架上的调节螺丝找正找平。

对于不便悬挂滑轮、倒链或条件限制不能进行整体吊装时，可将风管分节用麻绳拉到脚手架上，然后再抬到支架上对正法兰，逐节进行安装。

水平干管找平后，再进行立支管的安装。

柔性短管的安装，应松紧适度，无明显扭曲。可伸缩性金属或非金属软风管的长度不宜超过2m，并不应有死弯或塌凹。

地沟内的风管和地上风管连接时，风管伸出地面的接口与地面的距离不要小于200mm，以便保持风管内部清洁。风管与砖、混凝土风道的连接接口，应顺着气流方向插入，并应采取密封措施。安装过程中断时，露出的敞口应临时封闭，防止杂物落入。风管穿出屋面处应设有防雨装置，如图 7-4 所示。

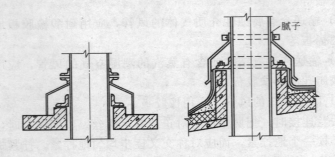

图 7-4 风管穿出屋面处的防雨装置

风管的连接应平直、不扭曲。明装风管水平安装，水平度的允许偏差为 3/1000，总偏差不应大于 20mm。明装风管垂直安装，垂直度的允许偏差为 2/1000，总偏差不应大于 20mn。暗装风管的位置，应正确，无明显偏差。对含有凝结水或其他液体的风管，坡度应符合设计要求，并在最低处设排水装置。

现行规范规定，在风管穿过防火、防爆的墙体或楼板时，需要封闭处理，具体做法是设预埋管或防护套管，其钢板厚度不应小于 1.6mm。风管与防护套管之间，应用不燃且对人体无危害的柔性材料封堵。

输送空气温度高于 80℃ 的风管，应按设计规定采取防护措施。

固定接口的配管。当风管已经安装，与风管连接的设备已安装好，风管与固定设备之间的连接管称为固定接口配管。固定接口配管往往是不规则的，制作应在现场实测后，在加工车间初步加工成形，其长度应比实测长度长 30～50mm，且两端的法兰不要铆上。现场预装配时，将此固定接口管段预装在要求的位置上，并将管段两端的活法兰与相邻风管、设备上的固定法兰用螺栓临时连接，在固定接口管段上，划出法兰所在的理想位置，然后将固定接口管段取下。若用于配管的管段较长，可修剪至符合要求为止，再将法兰与风管铆接起来。若用于配管的管段长度不够，且风管偏位或转弯较大，也可以用软风管连接。若设备接口无法兰，配管时可用自攻螺钉将风管法兰加垫片后，再与设备连接起来。

风管安装还必须符合下列规定：1）风管内严禁其他管线穿越；2）输送含有易燃、易爆气体或安装在易燃、易爆环境的风管系统应有良好的接地，通过生活区或其他辅助生产房间时必须严密，并不得设置接口；3）室外立管的固定拉索严禁拉在避雷针或避雷网上。

安装时应根据现场情况分别采用梯子、高凳或脚手架。高凳和脚手架必须轻便结实，脚手架搭设应稳定，脚手架上的脚手板用钢丝固定，防止翘头，避免发生高空坠落事件。在2m以上高处作业时，应系安全带。

**4. 部件安装**

（1）一般风阀的安装要求　在送风机的入口、新风管、总回风管和送、回风支管上，均应设调节阀门。对于送、回风系统，应选用调节性能好且漏风量小的阀门，如多叶调节阀或带拉杆的三通调节阀。调节阀会增加风管系统的阻力和噪声，因此，风管上的调节阀应尽可能少设。

对带拉杆的三通调节阀，只宜用于有送、回风的支管上，不宜用于大风管上。因为调节阀阀板承受的压力大，运行时阀门难以调节，且阀板容易变位。

各类风阀应安装在便于操作及检修的部位，安装后的手动或电动操作装置应灵活、可靠，阀板关闭应保持严密。在安装前应检查其结构是否牢固，调节装置是否灵活。安装手动操纵的构件应设在便于操作的位置。安装在高处的风阀，要求距地面或平台1~1.5m，以便操作。阀件的安装应注意阀件的操纵装置要便于操作，阀门的开闭方向及开启程度应在风管壁外，要有明显和准确的标志。

（2）风口安装　各类送、回风口一般是安装在顶棚或墙面上。风口安装常需要与装饰工程密切配合进行。

风口与风管的连接应严密、牢固，与装饰面相紧贴；表面平整、不变形，调节灵活、可靠。条形风口的安装，接缝处应衔接自然，无明显缝隙。同一厅室、房间内的相同风口的安装高度应一致，排列应整齐。

明装无吊顶的风口，安装位置和标高偏差不应大于10mm。风口水平安装，水平度的偏差不应大于3/1000；风口垂直安装，垂直度的偏差不应大于2/1000。

对于装在顶棚上的风口，应与顶棚平齐，并应与顶棚单独固定，不得固定在垂直风管上。风口与顶棚的固定宜用木框或轻质龙骨，顶棚的孔洞不得大于风口的外边尺寸。

（3）排气柜、罩的安装　局部排气的柜、罩、吸气漏斗及连接管的安装，应在相关的生产设备安装好以后进行。安装时位置应正确，排列整齐，固定牢靠，外壳不应有尖锐的边缘。

（4）风帽的安装　风帽安装必须牢固，其连接风管与屋面或墙面的交接处不应渗水。

有风管相连的风帽，可在室外沿墙绕过檐口伸出屋面，或在室内直接穿过屋面板伸出屋顶。风管安好后，应装设防雨罩，防止雨水沿风管漏入室内。风帽安装高度超出屋面1.5m时，应用镀锌钢丝或圆钢拉索固定，防止被风吹倒。拉索不应少于3根。拉索可在屋面板上预留的拉索座上固定。

无连接风管的筒形风帽，可用法兰固定在屋面板上的混凝土底座上。当排送温度较高的空气时，为避免产生的凝结水滴入室内，应在底座下设滴水盘和排水装置。

**5．防火阀、排烟阀的安装**

防火阀和排烟阀是由经公安消防部门批准具有制造资格的厂家生产的，施工单位在现场只是负责安装。

（1）防火阀　防火阀是防火阀、防火调节阀、防烟防火阀、防火风口的总称。防火阀与防火调节阀的区别在于后者的叶片开度可在 0°~90°范围调节风量。

防烟防火阀是在火灾发生时，通过感烟或感温器控制设备电信号联动，在火灾初始阶段，将阀门严密关闭起隔烟阻火作用，阀门关闭同时可输出电信号给与控制中心联锁的防火阀。

防火风口是安装在通风空调系统送、回风管道的送风口或回风口处，防火阀的一端带有装饰作用或调节气流方向的铝合金风口。

防火阀的种类较多，可按其控制方式、阀门关闭驱动方式及形状分类。生产防火阀的厂家较多，各厂家对型号的标示不同。常用的防火阀主要有重力式和弹簧式。

重力式防火阀又称自重翻板式防火阀，分圆形和矩形两种。圆形防火阀只有单板式一种，如图 7-5 所示；矩形防火阀有单板式和多叶片式两种，如图 7-6、图 7-7 所示。

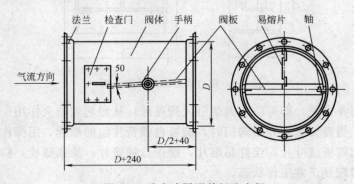

图 7-5　重力式圆形单板防火阀

防火阀的构造主要由阀壳、阀板、转轴、自锁机构、检查门、易熔片等组成。阀门的阀板式叶片由易熔片将其悬吊成水平或水平偏下 5°状态。防火阀平时在风管中处于常开状态。当火灾发生后，并且当流经防火阀的空气温度高于 70℃时，易熔片熔断，阀板或叶片靠重力自行下落，带动自锁簧片动作，使阀门

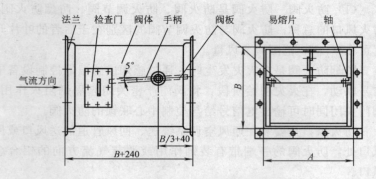

图 7-6 重力式矩形单板防火阀

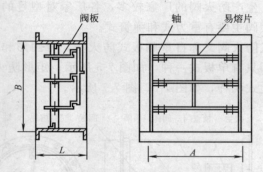

图 7-7 重力式矩形多叶防火阀

关闭并自锁，即可防止火焰沿风管蔓延，从而起到防火作用。

当需要重新开启阀门时，旋松自锁簧片前的螺栓，用操作杆摇起阀板或叶片，接好易熔片，摆正自锁簧片，旋紧螺栓，防火阀即恢复正常工作状态。

防火阀、排烟阀（口）的安装方向、位置应正确。防火分区隔墙两侧的防火阀，距墙表面不应大于200mm。

防火阀在风管中的安装可分别采用吊架和支座，以保证防火阀的稳固。图 7-8 所示为较常用的防火阀的吊架安装。

风管穿越防火墙时，除防火阀单独设吊架外，穿墙风管的管壁厚度要大于 1.6mm，安装后应在墙洞与防火阀间用水泥砂浆

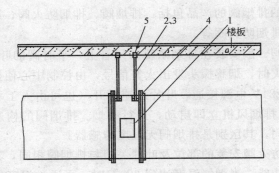

图 7-8 防火阀的吊架安装
1—防火阀；2、3—吊杆和螺母；4—吊耳；5—楼板吊点

密封。

风管穿越建筑物的变形缝时，在变形缝两侧应各设一个防火阀。穿越变形缝的风管中间设有挡板，穿墙风管一端设有固定挡板；穿墙风管与墙洞之间应保持 50mm 距离，其间用柔性非燃烧材料密封。变形缝处的防火阀安装如图 7-9 所示。

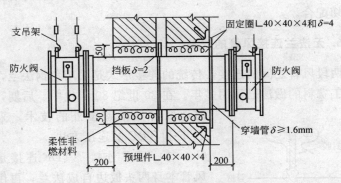

图 7-9 变形缝处的防火阀安装

（2）排烟阀 排烟阀常用于高层建筑、地下建筑的排烟管道系统中。当发生火灾时，人员的伤亡多数不是火焰烧灼，而是烟气引起的窒息和混乱造成的挤压践踏。因此，火灾初期的排烟是至关重要的。

常用的排烟阀的产品包括：排烟阀、排烟防火阀、远控排烟阀、远控排烟防火阀等。

排烟阀一般安装在排烟系统的风管上，平时阀的叶片关闭，当发生火灾时，烟感探头发出火警信号，由控制中心使排烟阀电磁铁的DC24V电源接通，叶片迅速打开（也可由人工手动将叶片打开），排烟风机立即启动，进行排烟。排烟阀的构造与排烟防火阀相同，其区别是排烟阀无温度传感器。

排烟防火阀安装的部位及叶片关闭与排烟阀相同，其区别是具有防火功能，当烟气温度达到280℃时，可通过温度传感器或手动将叶片关闭，切断烟气流动。因为当烟气温度达到280℃时，说明火焰已经逼近，排烟已没有意义，此时关闭排烟防火阀可以起到阻止火焰蔓延的作用。

总之，安装防火阀、排烟阀，不能掉以轻心，要认真阅读生产厂家的产品说明书，遵守设计、规范和厂家提出的有关安装要求。对于利用烟感器报警，由中央控制室自动发出关闭讯号，执行机构为电动或气动的防火阀、排烟防火阀，安装时要与有关工种密切配合。

### 6. 无法兰连接风管的安装

两段风管之间的连接，传统的连接形式是采用角钢法兰，这种费工费料的做法已延用多年。在20世纪80年代中、后期，沿海地区开始借鉴国外的技术，采用TDF和TDC的连接方法。

（1）TDF连接　TDF连接是把风管本身两头扳边自成法兰，再用法兰角和法兰夹将两段风管扣接起来，如图7-10所示。

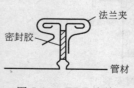

图7-10　TDF连接

这种方法适用于大边长度在1000～1500mm之间的风管连接。其工艺程序如下：

1）风管的4个角插入法兰角。

2) 将风管扳边自成的法兰面,四周均匀地填充密封胶。

3) 法兰的组合,并从法兰的 4 个角套入法兰夹。

4) 4 个法兰角上紧螺栓。

5) 用老虎钳将法兰夹连同两个法兰一起钳紧。

6) 法兰夹距离法兰角的尺寸为 150mm 左右,两个法兰夹之间的空位尺寸为 230mm 左右。法兰边长为 1500mm 时,用 4 个法兰夹;法兰边长为 900~1200mm 时,用 3 个法兰夹;法兰边长为 600mm 时,用 2 个法兰夹;法兰边长在 450mm 以下的,在中间使用 1 个法兰夹。

(2) TDC 连接 TDC 连接是插接式风管法兰连接,如图 7-11 所示。这种连接方法适用于风管大边长度在 1500~2500mm 之间的连接,其工艺程序如下:

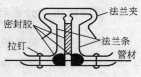

图 7-11 TDC 连接

1) 根据风管四条边的长度,分别配制 4 根法兰条。

2) 风管的四边分别插入 4 个法兰条和 4 个法兰角。

3) 检查和调校法兰口的平整。

4) 法兰条与风管用空心拉铆钉铆合。

5) 两段风管的组合。法兰面均匀地填充密封胶,组合两个法兰并插入法兰夹,4 个法兰角上紧螺栓,最后用老虎钳将法兰夹连同两个法兰一起钳紧。

对于较大风管,当风管大边长度超过 2500mm,仍采用角钢法兰连接。

(3) 无法兰连接风管的安装的有关规定 现行施工质量验收规范,对各种形式的无法兰连接风管的安装提出了明确的质量要求:

1) 风管的连接处,应完整无缺损,表面应平整,无明显扭曲。

2) 承插式风管的四周缝隙应一致,无明显的弯曲或褶皱;内涂的密封胶应完整,外粘的密封胶带,应粘贴牢固、完整无缺损。

3）薄钢板法兰形式风管的连接，弹性插条、弹簧夹或紧固螺栓的间隔不应大于150mm，且分布均匀，无松动现象。

4）插条连接的矩形风管，连接后的板面应平整、无明显弯曲。

### （二）通风空调设备的安装

**1. 空调机组的分类和安装**

空调机组是空调系统的核心设备，用来对空气进行加热或冷却、加湿或去湿、净化及空气输出。按空气处理方式的不同，空调机组可分为装配式、整体式及组装式三大类。

（1）空调机组的分类

1）装配式空调机组　装配式空调机组按其空调系统的不同，又可分为一般装配式空调机组、变风量空调机组和新风空调机组三种。

（A）一般装配式空调机组　一般装配式空调机组的用途广泛，除用于恒温恒湿空调系统外，还能用于舒适性空调系统和空气洁净系统。它包括各种功能段，如新回风混合段、初效空气过滤段、中效空气过滤段、表面冷却器段、喷水室段、蒸汽加热段、热水加热段、加湿段、二次回风段、风机段。空调机组组合中如无风机段，则可采用外装形式的风机。并不是所有的装配式空调机组都具备以上功能段，而是根据空调系统空气处理的需要加以取舍。

（B）变风量空调机组　变风量空调机组用于变风量空调系统。所谓变风量空调系统，是随着空调负荷的减小，送风机的转速和送风量也随之减小的空调系统。

变风量空调机组也适用于风机盘管或用于新风机组。它和新风空调机组一样，由空气过滤器、冷热交换器、风机等组成。

（C）新风空调机组　新风空调机组适用于各种使用新风系统的场合，也用于风机盘管的新风系统。新风空调机组与一般空调机组相比要简单一些，它是由空气过滤器、冷热交换器（冷热源由冷、热管道系统供给）和风机等组成。运行时，室外空气经过过滤器，再经冷（热）交换器冷却或加热后送入空调房间。

2）整体式空调机组　整体式空调机组是将压缩式制冷机组、冷空气过滤器、加热器、加湿器、通风机及自动调节装置和电气控制装置等组装在一个箱体内。

整体式空调机组按用途又分为恒温恒湿空调机组和一般空调机组。恒温恒湿空调机组又可分为一般空调机组和机房专用机组。一般空调机组适用于一般空调系统；机房专用空调机组适用于电子计算机机房和程控电话机房等场合。按照冷凝器冷却介质的不同，又可分为风冷式和水冷式。

3）组装式空调机组　组装式空调机组是由压缩式制冷机组和空调器两部分组成的。组装式空调机组与整体式空调机组基本相同，区别是将压缩式制冷机组由箱体内移出，安装在空调器附近。电加热器则分为三组或四组安装在送风管道内，由手动或自动调节。电气装置和自动调节元件安装在单独的控制箱内。

（2）空调机组的安装

1）装配式空调机组的安装　近年来，装配式空调机组定型生产的形式不断增加，标准化程度和设备性能不断提高，各生产厂家生产的各种形式的空调机组的特点，都是预制的中间填充保温材料的壁板，其中间的骨架有 $Z$ 形、$U$ 形、$I$ 形等。各段之间的连接常采用螺栓内垫海绵橡胶板的紧固形式，也有的采用 $U$ 形卡内垫海绵橡胶板的紧固形式。

装配式空调机组的安装，应按各生产厂家的说明书进行。在安装过程中，并应注意下列问题：

（A）机组各功能段的组装，应符合设计规定的顺序和要求。

（B）机组应清理干净，箱体内应无杂物。

（C）机组应放置在平整的基础上，基础应高于机房地平面。

（D）机组下部的冷凝水排放管，应有水封，与外管路连接应正确。

（E）机组各功能段之间的连接应严密，整体应平直，检查门开启应灵活，水路应畅通。

机组空气处理室的安装应符合下列规定：

（A）金属空气处理室壁板及各段的组装，应连接严密，位置正确，平整牢固，喷水段不得渗水。

（B）冷凝水的引流管或槽应畅通，冷凝水不得外溢，喷水段检查门不得漏水。

（C）表面式换热器的表面应保持清洁、完好。用于冷却空气时，在下部应设排水装置。

（D）预埋在砖、混凝土空气处理室构筑物内的供、回水管应焊防渗漏板，管端应配制法兰或螺纹，距处理室墙面应为100~150mm，以便日后接管。

（E）表面式换热器应具有合格证明。在技术文件规定的期限内，如外观无损伤，安装前可不做水压试验，否则应做水压试验。试验压力等于系统工作压力的1.5倍，且不得小于0.4MPa，水压试验的观测时间为3min，压力不得下降。

（F）表面式换热器与围护结构间的缝隙，以及表面式换热器之间的缝隙，应用耐热材料堵严。

2）整体式空调机组的安装　整体式空调机组安装前，应认真熟悉施工图纸、设备说明书及有关的技术文件。会同建设单位、监理单位共同进行设备的开箱，根据设备装箱单对制冷设备零件、部件、附属材料及专用工具进行点查，并做好记录。制冷设备充有保护性气体时，应检查压力表的示值，确定有无泄漏情况。

机组安装属于安装钳工的工作范围。应按照设计和相关施工规范进行。机组安装的坐标位置应正确，并对机组找平找正。水冷式机组，要按设计或设备说明书要求的流程，对冷凝器的冷却水管进行连接。

3) 组装式空调机组的安装　组装式空调机组的安装包括压缩冷凝机组、空气调节器、风管的电热器、配电箱及控制仪表的安装。

（A）压缩冷凝机组的安装属于安装钳工的工作范围。机组的配管属于管道工的范围，这里不再介绍。

（B）组装式空调机组的空气调节器的安装与整体式空调机组相同，可参照进行。

（C）风管内电加热器的安装。如果采用一台空调器来控制两个恒温房间，一般除主风管安装电加热器外，还应在控制恒温房间的支管上安装电加热器，这种电加热器叫微调加热器或收敛加热器，它是受恒温房间的干球温度来控制的。

电加热器安装后，在其前后 800mm 范围内的风管隔热层应采用石棉板、岩棉等不燃材料，以防止当系统出现不正常情况时，引起过热或燃烧。

现场组装的空调机组，应做漏风量测试。空调机组静压为 700Pa 时，漏风率不应大于 3%；用于空气净化系统的机组，静压应为 1000Pa，当室内洁净度低于 1000 级时，漏风率不应大于 2%；洁净度高于或等于 1000 级时，漏风率不应大于 1%。

## 2. 空气过滤器的安装

空气过滤器的作用是将含尘较少、尘粒粒径较小的的室外空气，经过滤净化后送入室内，使室内空气环境达到一定质量要求。空气过滤器根据空气过滤灰尘粒径的大小和效率可分为粗效过滤器、中效过滤器（及高中效过滤器）、高效过滤器（及亚高效过滤器）三种。过滤器的型号种类较多，有框架式过滤器、袋式过滤器、自动浸油过滤器、卷绕式过滤器及静电过滤器等。过滤器是由专业厂家生产的，具体型号和构造这里不再介绍了。

（1）粗效过滤器　粗效空气过滤器用来过滤新风中大于 $5\mu m$ 的微粒和各种异物，其滤料常用粗孔泡沫塑料或无纺布等。

（2）中效空气过滤器　中效空气过滤器用于粗效过滤器之

后，能捕集空气中粒径大于 $1\mu m$ 的悬浮性微粒。对于装有高效过滤器的系统，可以防止高效空气过滤器（或亚高效空气过滤器）表面沉积灰尘而堵塞。中效空气过滤器的常用滤料有玻璃纤维、中细孔泡沫塑料及无纺布等。

(3) 高中效空气过滤器　高中效空气过滤器用来过滤经粗空气过滤器过滤后空气中的大于 $1\mu m$ 的悬浮性微粒，其作用与中效空气过滤器相同。高中效空气过滤器的过滤效率比中效空气过滤器高，能更有效防止在高效（或亚高效）空气过滤器表面沉积悬浮性微粒，以延长高效空气过滤器的使用寿命。

(4) 亚高效空气过滤器　亚高效空气过滤器的性能比高中效空气过滤器高，但比高效空气过滤器低，常用于 10 万级或低于 10 万级的洁净系统。由于它的初阻力低，可降低洁净系统的投资和日常运行费用。

(5) 高效空气过滤器　高效空气过滤器用来过滤上述几种空气过滤器不能过滤的而且含量最多的 $1\mu m$ 以下亚微米级微粒，是空气洁净系统最后的关键部位。其滤料常使用石棉纤维滤纸、玻璃纤维滤纸及合成纤维滤纸等。

安装过滤器应注意以下几方面的问题：

在安装时应将空调器内外清扫干净，清除过滤器表面黏附物。框架式及袋式粗、中效空气过滤器的安装，应便于拆卸和更换滤料。过滤器与框架之间、框架与空气处理室的围护结构之间应严密。

自动浸油过滤器适用于一般通风、空调系统，不能在空气洁净系统中使用，以免将油雾（即灰尘）带入系统中。自动浸油过滤器的安装，链网应清扫干净，传动灵活。两台以上并列安装，过滤器之间的接缝应严密。

卷绕式过滤器，应注意装配的转动方向，使传动机构灵活。框架应平整，滤料应松紧适当，上下筒应平行。

静电过滤器的安装应平稳，与风管或风机相连接的部位应设柔性短管，接地电阻应小于 $4\Omega$。

各种过滤器与框架或并列安装的过滤器之间应进行封闭，防止从缝隙中使空气直接进入系统中，从而影响过滤效果。

高效过滤器（含亚高效过滤器，下同）是洁净空调系统的关键部件，其正确安装对洁净系统是至关重要的，必须遵守《洁净室施工及验收规范》、设计图纸及制造厂家提出的各项要求。

高效过滤器应按出厂标志方向搬运和存放。安装前的成品应放在清洁的室内，并应采取防潮措施，其包装层和密封保护层不得损坏。

为防止高效过滤器受到污染，在洁净室全部安装工程完毕，并全面清扫，系统连续试车12h后，方能开箱检查，不得有变形、破损和漏胶等现象，检漏合格后立即安装。

安装高效过滤器时，要轻拿轻放，不能敲打、撞击，严禁用手或工具触摸滤料，防止损伤、污染滤料和密封胶。

要检查过滤器框架或边口端面的平直性，端面平整度的允许偏差，每只为±1mm。如端面平整度超过允许偏差时，只允许调整过滤器安装的框架端面，不允许修改过滤器本身的外框，否则将会损坏过滤器中的滤料或密封部分。

安装高效过滤器时，外框上的箭头应与气流方向一致。用波纹板组合的过滤器在竖向安装时，波纹板必须垂直于地面，不得反向。

高效过滤器与其组装框架之间必须加密封垫料或涂抹密封胶。密封垫料一般采用厚度为6～8mm的闭孔海绵橡胶板或氯丁橡胶板，定位粘贴在过滤器边框上。垫料应使用梯形或榫形接头，并尽量减少接头数量。安装后垫料的压缩率应大于50%。

### 3. 消声器的安装

消声器是利用吸声材料按不同消声原理而制成的消声装置。因此，必须保护好消声器的吸声材料。消声器在运输和吊装过程中，应力求避免振动，防止消声器的变形和消声材料移位，影响消声效果。特别对于填充消声多孔材料的阻、抗式消声器，应防止由于振动而损坏填充材料。

消声器的存放应有保护措施，所有敞口和法兰口应有防雨、防尘保护措施，防止消声器的吸声材料受潮或被污染。

消声器安装前应保持干净，做到无油污和浮尘。消声器安装的位置、方向应正确，不同方向的气流必须与消声器相应的接口相连接。消声器与风管的连接应严密。两组同类型消声器不宜直接串联。

在空调系统中，消声器应尽量安装在靠近使用房间的部位或楼层的送风干管上，如必须安装在机房内，应对消声器外壳及消声器之后位于机房内的部分风管采取隔声处理。当空调系统为恒温系统时，消声器外壳应与风管同样做保温处理。

现场安装的组合式消声器，消声组件的排列、方向和位置应符合设计要求。单个消声器组件的固定应牢固。消声片的吸声材料不得有厚薄不均或下沉，消声片与周边的固定必须牢靠、严密，四周的缝隙不得漏风。

消声器与消声弯头应单独设置支、吊架，其数量不得少于两副，这样消声器的重量不由风管承担，同时也有利于消声器的拆卸、检查和更换。

### 4. 诱导器和风机盘管的安装

（1）诱导器的安装　诱导式空调系统是一种将空气的集中处理和局部处理结合起来的半集中式空调系统，有的也称为混合式空调系统。诱导式空调系统利用集中式空调器来的风（即一次风）作为诱导动力，经诱导器就地吸入室内空气（即二次风）并加以局部处理（如冷却或加热）后，又就地送入室内。这样可以大大减少一次风的用量，缩小送风管道尺寸，使回风管道的尺寸也大为缩小甚至取消。因此，诱导式空调系统适用于某些特定的场所。

诱导器安装前必须进行外观检查。各连接部分不能有松动、变形；静压箱封头的缝隙密封良好；一次风喷嘴不能脱落或堵塞；一次风风量调节阀必须灵活可靠，并可调至全开位置。

诱导器的水管接头方向和回风面朝向应符合设计要求。诱导器与一次风风管的连接要严密，必要时应在连接处涂以密封胶或包扎密封胶带。立式双面回风诱导器，应将靠墙一面留 50mm 以上的空间，以利于回风；卧式双面回风诱导器，要保证靠楼板一面留有足够的空间。

诱导器的进、出水管接头和排水管接头不得漏水，进、出水管必须保温，防止产生凝结水。诱导器内二次盘管（冷却器）产生的凝结水落入凝结水盘，凝结水盘要有 0.005～0.01 的坡度，使凝结水顺利排出。

（2）风机盘管的安装　风机盘管和诱导器都是空调系统的末端设备。

风机盘管是由风机和盘管组成的机组，设在空调房间内，靠风机运转把室内空气（回风）吸进机组，经盘管冷却或加热后又送入房间。盘管所用的冷、热媒（冷、热水）是由管道系统集中供应的。因此，风机盘管的作用是使室内空气循环，并在循环过程中进行冷却或加热。为了使室内空气保持新鲜和一定的微正压，由中央空调系统向房间送入少量经集中处理后的新风，因此，风机盘管系统也属于混合式空调系统，在高层建筑中已广泛采用，具有开闭方便、节省能源的特点，如图 7-12 所示。

国内有许多厂家生产风机盘管机组，其种类可分为卧式明装、卧式暗装；立式明装、立式暗装；立柱式明装、立柱式暗装及顶棚式等，结构大致相同，如图 7-12 所示。

风机盘管的安装应注意以下事项：

风机盘管的就位应符合设计要求的形式、接管方向。卧式风机盘管应由支、吊架固定，并应便于拆卸和维修。立式风机盘管安装应牢固，位置及高度应正确。暗装的风机盘管，一般有四个悬吊点，底盘（凝结水盘）以 0.005 的坡度坡向凝结水排出口。

风机盘管机组与风管、回风箱的连接应严密、牢固。风机盘管的回风口和送风口要与建筑装饰密切配合，在风机盘管下方应

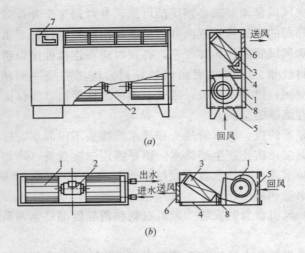

图 7-12　风机盘管机组
(a) 立式明装；(b) 卧式暗装（控制器装在机组外）
1—离心式风机；2—电动机；3—盘管；4—凝水盘；5—空气过滤器；
6—出风格栅；7—控制器（电动阀）；8—箱体

设活动顶棚板，以备日后检修。

机组内的盘管夏季通入 7℃ 左右的冷冻水，对空气进行冷却、减湿，冬季通入 60℃ 左右的热水，对空气进行加热。冷冻水、热水管及凝结水管的连接和阀门的安装、保温，电气控制部分的安装，均不属于通风工的工作范围，故不再介绍。

### 5. 通风机及其安装

(1) 通风机　通风机是通风空调系统的主要设备之一，是把机械能转变成气体的势能和动能的动力机械。通风空调系统常用的有离心式通风机和轴流式通风机。

离心式通风机的工作原理是：风机叶轮在电动机带动下高速旋转，叶片间的气体在离心力作用下由径向甩出，同时在叶轮的吸气口形成真空，外界大气被吸入叶轮内。由叶轮甩出的气体进入机壳后被压向风道，如此源源不断地将气体输送出去。

轴流式通风机的工作原理是：由于叶轮呈斜面形状，当叶轮在机壳中转动时，空气一方面随着叶轮转动，一方面始终沿着轴向推进。

离心式通风机的结构如图 7-13 所示。

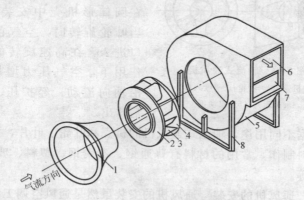

图 7-13　离心式通风机的构造
1—吸气口；2—叶轮前盘；3—叶片；4—叶轮后盘；5—机壳；6—出风口；
7—截流板（即风舌）；8—支架

离心式风机的主要结构部件是叶轮和机壳。机壳内的叶轮固装于原动机拖动的转轴上。当原动机带动叶轮旋转时，机内的气体便获得能量。

以图 7-13 所示的离心式风机为例，叶轮是由叶片 3 和连接叶片的叶轮前盘 2 及叶轮后盘 4 所组成，叶轮后盘装在转轴上（图中未绘出）。机壳 5 一般是用钢制成的螺线状箱体，支承于支架 8 上。

在风机叶轮旋转之前，机壳内充满了空气，当叶轮旋转后，叶轮周围的空气被叶轮扰动而获得能量，由于离心力的作用，空气从叶轮中以一定速度被甩出，汇集到蜗壳形机壳中，其速度随机壳断面的逐渐扩大而变慢，于是空气的动压转化为静压，最后以一定的压力和速度从出口排出。当叶轮四周的空气被排出后，机壳中心形成真空状态，吸入口外面的空气被吸入机壳内。由于叶轮不断地转动，空气就不断被压出和吸入。这就是离心式风机连续不断地抽送空气的原理。

通风工程中常用的一般轴流式通风机如图7-14所示。在圆筒形机壳中安装叶轮，当叶轮旋转时，空气由吸入口进入，在高速旋转的叶轮作用下，空气压力增加，并沿轴向流动，经扩压、减速后排出。

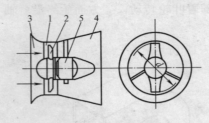

图 7-14　轴流式通风机
1—机壳；2—叶轮；3—吸入口；
4—扩压器；5—电动机

根据不同用途，轴流式通风机的机壳和叶轮、叶片，可采用不同材料制作，常用的材料有普通钢、不锈钢、塑料、玻璃钢、铝合金等。

（2）通风机的安装　通风机的安装虽然是通风空调工程的一部分，但在安装施工中，通风机的安装是由安装钳工完成的，而不是由通风工完成的，因此，这里只对通风机的安装要点做一般的介绍。

在设备开箱时，取出并保管好说明书和装箱单，并根据设计图纸核对通风机的名称、型号、机号、传动方式、旋转方向和风口位置是否符合设计要求。

检查风机外观是否有明显的碰伤、变形或严重锈蚀等，如有上述情况，应会同有关方面研究处理。

通风机的搬运和吊装应符合下列规定：

1）整体安装的风机，搬运和吊装的绳索应固定在风机轴承箱的两个受力环上或电机的受力环上，以及机壳侧面的法兰圆孔上，不得捆绑在转子和机壳或轴承盖的吊环上。与机壳边接触的绳索，在棱角处应垫好软物，防止绳索受力被棱边切断。

2）现场组装的风机，绳索的捆绑不得损伤机件表面、转子。

3）输送特殊介质的通风机转子和机壳内如涂有保护层，应严加保护，不得损伤。

4)通风机的进风管、出风管应有单独的支撑。风管与风机连接时,不得强力对口,机壳不应承受其他机件的重量。

5)通风机的传动装置外露部分应有防护罩;当通风机的进风口直通大气时,应加装保护网或采取其他安全措施。

6)在通风机安装前,应对风机基础进行验收。地脚螺栓预留孔灌浆前,应清除杂物。灌浆使用细石混凝土,其强度等级应比基础的混凝土强度高一级,并应捣固密实,地脚螺栓不得歪斜。地脚螺栓除应带有垫圈外,并应有防松装置。

7)安装隔振器的地面应平整,各组隔振器承受荷载的压缩量应均匀,高度误差应小于2mm,且不得偏心。通风机底座若不用隔振装置而直接安装在基础上,应用垫铁找平。

8)电动机应水平安装在滑座上或固定在基础上,找正应以通风机为准,安装在室外的电动机应设防雨罩。

9)现场组装的轴流风机,叶轮与主体风筒的间隙应均匀分布,叶片安装角度应一致,并达到在同一平面内运转平稳的要求,水平度允许偏差为1/1000。

10)通风机的叶轮经手动旋转后,每次都不应停留在原来的位置上,并不得擦碰机壳。

11)风机的隔振支、吊架的结构和尺寸应符合设计要求或设备技术文件规定,焊接要牢固。

### 6. 消声与减振

(1)噪声  从物理学的角度讲,凡是各种不同频率和声强的声音杂乱无章的组合称为噪声,而有规律地振动产生的声音称为乐声;从生理学的角度讲,凡使人烦躁、讨厌和不愉悦的声音都称为噪声。因此,物理学和生理学的噪声观点是不同的。

在生产与生活环境中,噪声可以分为气流噪声、机械性噪声及电磁性噪声。所谓气流噪声,是气体流动或压力变化产生扰动产生的。机械性噪声是机械运转时产生的。对于通风系统来说,主要是气流噪声。风机转动使空气产生强烈地扰动,薄钢板风管在气流作用下使管壁产生振动,高速气流经过风管内的零部件受阻,都会产生噪声。风机运转引起的机械振动噪声也会沿风管和气流传播。控制和降低噪声对通风空调系统是十分必要的。

通风机的噪声由空气动力噪声、机械噪声和电磁噪声组成,以空气动力噪声为主。

机械噪声是由轴承摩擦、传动和旋转部分的不平衡等而产生的。

电磁噪声是因电机内空隙中交变力相互作用而产生的,如电机定子、转子的吸力,电流和磁场的相互作用,铁芯的振动等。

控制和降低通风空调系统噪声的主要措施有以下几个方面:

1) 通风空调系统设计时,应尽可能选用低噪声的风机,并使风机的正常工作点接近其最高效率点运转,这时风机的噪声最小。风机特性曲线和管网特性曲线的交点即为该风机在管网中的工作点。

2) 电机与风机传动方式不同,产生噪声的大小也不一样,直联噪声最小,联轴器次之,必须间接传动时,应采用无缝的三角皮带。

3) 风机、电机应安装在减振基础上。风机的进风口应避免急转弯,并采用软接头(如帆布头)。

4) 在机房内做隔声处理或贴吸声材料,可以减少噪声对周围环境的影响;在风管内贴吸声材料,可达到吸声效果,减小风管系统的噪声。

采取上述降低噪声的措施后,声源产生的噪声扣除噪声自然衰减值,仍然超过室内允许的噪声标准时,多余的噪声可用消声器再行消减。

5) 噪声大小与风管内的空气流速有关。一般情况下,对于消声要求不高的系统,主风管内的风速不应超过 8m/s,对消声要求较严格的系统,主风管内的风速不宜超过 5m/s。

(2) 减振

1) 振动的原因 就整个空调系统而言,风机、水泵、制冷压缩机是产生振动的振源；就风管系统而言，风机是产生振动的振源。就风机而言，其振动的强弱与产品性能、减振设计和安装质量有关。

就风机本身而言，由于其旋转部件（叶轮、轴、皮带轮）材质不均匀、加工和装配的误差等原因，使质量分布不均匀而存在偏心，在做旋转运动时产生不平衡的惯性力（或称扰力）是机器产生振动的原因。

2）减振措施　从安装施工的角度讲，风机的减振措施是在风机和它的基础之间设置避振构件，使从风机传到基础上的振动减弱。土建设计基础时也可以采取减振措施。

通风机的减振基础，就是把通风机安装在设有减振器的型钢基座上或钢筋混凝土板基座上。通风机在减振型钢基座上的安装如图 7-15 所示。

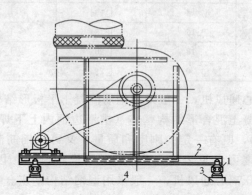

图 7-15　通风机在减振型钢基座上的安装
1—减振器；2—型钢基座；3—钢筋混凝土支墩；4—支撑结构

上述减振型钢基座虽然能达到一定的减振目的，但风机本身的振幅较大，机身不够稳定；必要时可以用钢筋混凝土板基座取代型钢基座，基座板下仍安装减振器，由于钢筋混凝土基座比型钢基座厚重，且刚度大，风机本身稳定性会更好。

钢结构基座，基座承重梁挠度不大于 $L/500$。对于钢筋混凝土平板形的基座厚度 $H$，一般可取基座长度 $L$ 的 1/10，即 $H \approx L/10$。对于高重心的设备，一般取基座宽度接近于设备的重心高度。对于往复式运动的机械多采用 T 形钢筋混凝土基座，以降低机组重心，保证减振系统的稳定性。

对于中、低压离心通风机，减振基座型钢用料见表 7-1。

中、低压离心通风机减振基座型钢用料　　　表 7-1

| 传动方式 | 机　号 | 基座槽钢型号 | 支架角钢型号 |
|---|---|---|---|
| A | 2.8～3.6 | [ 5 | ∟50×6 |
| A | 4～5 | [ 6.3 | ∟6.3×6 |
| C D E | 6 | [ 8 | ∟70×6 |
| C D E | 8 | [ 10 | ∟70×6 |
| C D E | 10 | [ 12.6 | ∟70×6 |
| C D E | 12 | [ 14a | ∟75×6 |
| B F | 14 | [ 16a | ∟75×6 |
| B F | 16 | [ 18a | ∟80×8 |
| B F | 18 | [ 20a | ∟80×8 |
| B F | 20 | [ 22a | ∟80×8 |

高压离心通风机，一般采用钢筋混凝土平板形结构基座，或槽钢钢筋混凝土混合形结构基座（槽钢边框内上下焊双向钢筋，再浇混凝土），既有一定的刚度和质量，又可比钢筋混凝土基座厚度小，厚度可参见表 7-1。支架则用槽钢制作，以增加其刚度。中、低压离心通风机，一般采用型钢结构基座。每台设备宜采用单独的减振基座，不宜做成多台联合基座。

减振器的种类有橡胶剪切减振器、橡胶减振器、空气弹簧减振器、金属螺旋器弹簧减振器、预应力阻尼弹簧减振器、阻尼弹簧减振器、橡胶减振垫等。

对于旋转性机械振动，当转速大于或等于 1500r/min 时，应选用橡胶减振器、橡胶减振垫或其他隔振材料；当转速大于或等于 900r/min 时，应选用橡胶剪切减振器或弹簧减振器；当转速大于或等于 600r/min 时，应选用金属螺旋器弹簧减振器、预应力阻尼弹簧减振器、阻尼弹簧减振器；当转速大于或等于 300r/min 时，应选用空气弹簧减振器。

风机进出口处用人造革或帆布软管减振。

隔振材料的品种很多，如橡胶、软木、酚醛树脂玻璃纤维板、泡沫塑料、毛毡、矿棉毡等。金属弹簧、空气弹簧是减振元件（即减振器）的主要组成部分，与上述隔振材料不属一类。

采用酚醛树脂玻璃纤维板作为隔振材料，其性能比采用橡胶和软木优越，这种材料的相对变形量很大（可以超过 50%），即使负荷过载，当失去负荷后，仍能立即恢复，残余变形很小，另外它有不腐、不蛀、不易老化、无味等优点，货源充足、经济。

# 八、新材料新技术简介

## （一）复合酚醛泡沫板

酚醛泡沫为新一代保温、防火、隔声材料。复合酚醛泡沫板分为：铝箔复合酚醛泡沫板（两侧为不燃压纹镀膜铝箔，中间为难燃酚醛泡沫材料）、纸面复合酚醛泡沫板（两侧为石膏板专用纸，中间为难燃酚醛泡沫材料）、石膏板面酚醛泡沫板（两侧为石膏板，中间为难燃酚醛泡沫材料）和彩钢板酚醛泡沫板（两侧为彩钢板，中间为难燃酚醛泡沫板）。其中，铝箔复合酚醛泡沫板材为制造通风管道的专用板材，广泛应用于商场、宾馆、车间、洁净工程等。

**1. 铝箔复合酚醛泡沫板特性**

（1）环保性能：从原材料的采购、生产制造到出成品，均不对环境及人体产生污染、伤害，是新型的环保材料。

（2）安全性能：该材料重量轻，可降低建筑物的负荷，制作风管简便快捷，不燃烧且无毒、无烟，对人体无害。

（3）不燃性能：具有优良的抗燃烧性能，能防止火焰的扩散（有自熄能力）和绝热（材料一侧着火时，另一侧温度也不会升高而导致火势蔓延）。

（4）节能性能：板材的导热系数为 $0.022W/(m·K)$，用其制作风管，保温性能优良，可以节约大量能源，且不会产生结露、冷凝水，而破坏室内装修。

（5）隔声性能：材料具有优良的吸声性能，用其制作的风管

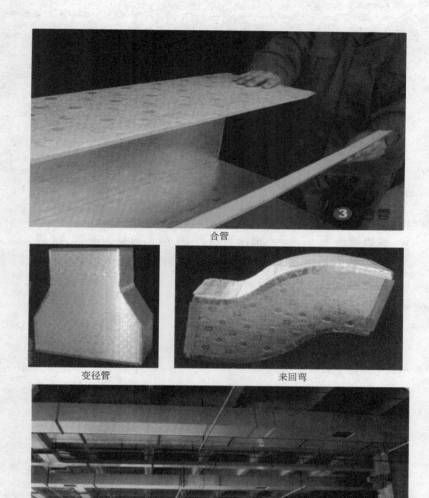

图 8-1 复合酚醛泡沫板产品实例

使用中不产生共振噪声,并能吸收风机产生的部分噪声。

**2. 产品规格:**

标准尺寸 (2~4m)×1.2m×0.021m

**3. 技术参数**

| | |
|---|---|
| 密度 | 60~70kg/m$^3$ |
| 导热系数 | 0.022W/(m·K) |
| 氧指数 | 42% |
| 烟密度等级(SDR) | 9 |
| 燃烧等级 | 泡沫为难燃B1级,板材为不燃A2级 |
| 吸水率 | 3.7% |
| 抗压强度 | 1.44MPa |
| 弯曲强度 | 1.7MPa |
| 使用温度 | -180~150℃ |

**4. 产品实例(图8-1)**

## (二) 聚氨酯(BBS)复合保温风管板材

(1) 聚氨酯(BBS)复合保温风管板材由双面压花铝箔及夹层的自熄发泡聚氨酯组成,铝箔的厚度分别为60、80及200$\mu$m。

(2) 板材标准尺寸(长×宽×厚)为4m×1.2m×21mm、2m×1.2m×21mm。

(3) 主要技术指标

| 种类 | 60$\mu$m | 80$\mu$m |
|---|---|---|
| 尺寸 | 4000mm×1200mm | 4000mm×1200mm |
| 厚度 | 21 | 21 |

| 泡沫密度 | 40kg/m³ | 44kg/m³ |
| 泡沫重量 | 1.2kg/m² | 1.4～1.7kg/m² |
| 铝箔重量 | 162g/m² | 218g/m² |
| 最低温度 | −31℃ | −30℃ |
| 最高温度 | 120℃ | 120℃ |
| 传导率 | 0.013～0.03W/(m·K) | |

(4) 复合保温风管的特性

1) 重量轻、气密性高：由于 BBS 复合保温管质量轻，其展开重量仅为 1.2～1.7kg/m²，这样就减轻了结构的负荷，而且减轻了风管的吊架，节省了造价。风管强度高，气密性好，被广泛应用于高压送风系统。

2) 隔热性能：板材传导率极低，仅为 0.013～0.03W/(m·K)，可大大降低能量的损失。

3) 密封性能：在 1000Pa 风压作用下，风管漏风量不大于 1.57m³/(h·m²)。

| 风管内静压（Pa） | 漏风量 [m³/(h·m²)] |
| --- | --- |
| 500 | 0.92 |
| 800 | 1.22 |
| 1000 | 1.42 |
| 1200 | 1.65 |
| 1500 | 1.99 |

4) 安全性能：风管外层为不燃铝箔，内层为难燃自熄聚氨酯发泡保温材料，经过国家权威机构对其进行的隔热保温、物理性能、气密性能、防细菌滋生性能、耐火性能的鉴定，均达到国家标准要求。

5) 牢固的组装件、稳定的胶粘剂：风管的组装件全部采用硬质阻燃 PVC、铝合金连接件，胶粘剂全部采用难燃胶水，使安装后的风管更加牢固、稳定、密闭。

(5) 实例图片（图 8-2）

全自动生产流水线

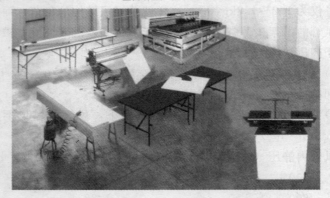
图 8-2 BBS 复合保温板实例图片

## （三）复合玻纤风管

### 1. 组成

风管由复合玻璃棉板经切割、粘合、密封胶带密封和加固制成。复合玻璃棉板的外表层为玻璃纤维布复合铝箔，内表层为玻璃纤维布，中间夹层为玻璃棉板。玻璃棉板用离心法形成的玻璃纤维加树脂胶经热压、固化成形，板的厚度可根据需要确定。复合玻纤风管的主要特点：保温、消声效果显著，防火、防潮、无毒、外形美观、使用寿命长。同时，材质轻，施工周期短，造价低，与镀锌风管加保温比，可节省工程投资20%以上，尚不包括节省的消声设备费用和运行维修费用。

**2. 主要技术性能**

(1) 绝热性能：复合玻纤风管夹层密度为64kg/m³，其导热系数 [W/(m·℃)] 如下：

| 0℃ | 15℃ | 25℃ | 50℃ | 70℃ |
| --- | --- | --- | --- | --- |
| 0.029 | 0.0307 | 0.0315 | 0.0347 | 0.0384 |

复合玻纤风管的厚度有：20、25、30、40mm。

(2) 消声性能：复合玻纤风管壁的夹层为相互贯通的多孔玻璃棉板，具有良好的消声性能。风管系统可以减少或不装消声器。

(3) 摩擦阻力：复合玻纤风管内表面当量绝对粗糙度 $K=0.24$mm。摩擦阻力比镀锌钢板风管约大6%。

(4) 漏风量：风管边长≤800mm时，采用阴、阳榫插接，在管内1200Pa空气压力下漏风量为 $0.00072 m^3/(m^2·h)$，可以认为不漏风。风管大边大于800mm时，管段采用封闭式法兰构件连接，在管内1200Pa空气压力下漏风量为 $1.13 m^3/(m^2·h)$，小于规范允许 $3.53 m^3/(m^2·h)$ 的要求。

(5) 抗静压强度：风管分为一般型和加强型两种。以管壁变形量即风管壁中心点产生的位移与风管壁受力面边长之比不大于1%为标准，壁厚25mm的一般型复合玻纤风管抗静压强度为1000Pa，加强型复合玻纤风管抗静压强度为1500Pa，当需要更高的强度时可进行特殊加固。

(6) 防火防潮：风管所用材料为不燃性材料，完全符合国家防火标准。风管外表面为玻璃纤维布复合铝箔，透水率为零，长期处于潮湿环境下不锈蚀，管内输送相对湿度小于90%的空气，管壁吸湿率不大于1.2%，不腐烂，无霉菌。

(7) 屏蔽纤维能力：风管管壁夹层玻璃棉板经喷胶、热压成形,玻璃纤维相互牢固粘合,不易飞散,同时管内表面复合一层玻璃纤维布贴面,能有效防止纤维脱落。成管时,管内所有结合口用满胶粘合,并用密封胶嵌缝,因此管壁夹层的玻璃纤维不存在飞散的问题。

## (四) 超级风管系统

超级风管系统为玻纤风管的一种,该系统包括 SUPER DUCT 超级风管产品、SUPER SEAL TM 超级封胶、SUPER VANE 超级导流片、SUPER ROUND 超级圆管、THERMAL LOCK 热敏胶带、IDEAL SEAL 压敏胶带、UNITED MEGILL 水基胶以及加固件。

超级风管是用离心法制造的玻璃纤维,乳胶凝固而成。双重密度接合边缘已模制在板上,一处是正(雄)接口,另一处是反(雌)接口。外表面是裱着耐用又防火的铝片-布-纸(FOIL-SCRIM-KRAFT)。这裱层盖住整个雄接口,以便加钉在接口的周围。内表面是用有专利的化学乳胶热力凝固而成,这内封层盖住垂直内表面雌与雄的接口。

**1. 风管板材规格**

1219mm×3048mm×25mm

2438mm×3048mm×25mm

1219mm×3048mm×38mm

**2. 主要特点**

(1) 改良室内环境:超级风管有特别的内封层,保护内管抗拒任何由于过滤系统维护不当而产生的粉尘、污染物之侵蚀,并可减少微生物在管内壁的滋生。

(2) 环境安静:超级风管有特别吸声性能,装配超级风管后明显降低系统噪声。

(3) 高效保温减少冷凝：有特高保温效能的超级风管，使冷、暖气流保持其温度，可减少水、气凝结问题。

(4) 适应范围：中压风管 996Pa 和风速小于 25.4m/s。

(5) 密封性能：1) 超级风管专用胶是一种自然干燥的胶，是用坚韧黑色的丙烯酸聚合物制成，用于封刷气流表面和边角。超级封胶是丙烯酸聚合物密封胶中黏度特强的一种封胶，采用管状包装，适合于推压枪操作，作为小点和边缘修补最理想；边沿处理胶为液状丙烯酸聚合物，适合于喷雾器喷涂，也可用刷子涂刷；风管修补胶是一种黑色雾状泡沫，方便现场使用，修补边沿和小点最理想；2) 热敏管道密封胶带是一种热敏的专用于密封连接点和玻璃纤维管道接缝处的密封胶带。用一只电熨斗把胶带压在下面，当两条绿色的自动粘结指示剂

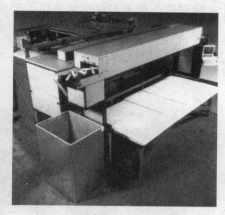

图 8-3　自动化生产线

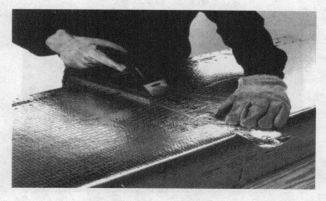

图 8-4　风管管板

(ABI)上面的小点变成深色，板材就被密封好了。该热敏胶带是唯一的。玻璃纤维板材密封系统中特有绿色 ABI 点，用于识别板材是否已被粘结。此种胶带十分牢固，它有一种特殊的玻璃纤维纸，夹在铝箔和阻燃聚合体黏着物中间；3）压敏胶带是一种极软，高度抗拉，一面为铝箔涂层，另一面为丙烯酸胶水的产品，它是特别为玻璃纤维板材和金属风管系统的密封需要而设计，特别适合用于不规则的表面，至少提供 20 年的质量保证。

**3. 实例（图 8-3～图 8-6）**

图 8-5　热敏胶带

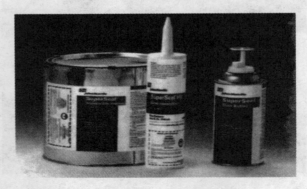

图 8-6　封胶

## （五）无机玻璃钢风管

无机玻璃钢风管是目前通风、空调系统上常用的一种通风管道，它的主要优点是：防火防潮、耐温、抗腐、无毒害，机械强度高，造价低，使用寿命长。无机玻璃钢风管是以玻璃纤维层作增强材料，用无机粘合剂配以多种辅料在制作模具上叠层复合而成。风管管段采用法兰连接，管壁材料密度为 $2.1 g/cm^3$。无机玻璃钢风管分为普通型、保温型和保温消声型。

### 1. 普通型无机玻璃钢风管

（1）风管为无机玻璃钢，管壁厚度为 $2.0 \sim 8.0mm$，具体厚度根据风管横截面宽度确定。

（2）主要技术性能：

1) 导热系数：$0.8W/(m \cdot ℃)$
2) 防火：不燃材料 A 级
3) 吸水率：$<6\%$
4) 摩阻：同镀锌钢板风管
5) 耐温：$200℃$ 条件下无变化
6) 抗静压：$0.2kg/cm^2$
7) 耐酸性：在 $2.5\%$ 盐酸溶液中浸 24 小时无腐蚀

无机玻璃钢风管壁厚与法兰规格（mm）　　表 8-1

| 圆形风管直径或矩形风管大边长 | 管壁厚 | 风管长度允许偏差 | 直径或边长允许偏差 | 法兰规格 宽×厚 | 法兰规格 螺栓规格 |
|---|---|---|---|---|---|
| ≤200 | 2.0～2.5 | ±10 | ±3 | 30×4 | M8×25 |
| 250～400 | 2.5～3.2 | | ±3 | | |
| 420～630 | 3.2～4.0 | | ±4 | 40×6 | M8×30 |
| 670～1000 | 4.0～4.8 | | ±4 | | |
| 1060～2000 | 4.8～6.2 | | ±5 | 50×6 | M10×35 |
| ≥2000 | 8.0 | | ±5 | | |

8）耐碱性：在10％氢氧化钠水溶液中浸72小时无变化

（3）无机玻璃钢风管壁厚与法兰规格（表8-1）。

**2. 保温型无机玻璃钢风管（图8-7）**

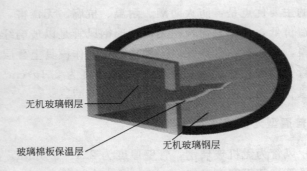

图8-7　保温型无机玻璃钢风管

风管内、外壁为无机玻璃钢，中间夹层为玻璃棉板，玻璃棉板密度为40kg/m³，厚度有25、30、40mm，管内、外壁无机玻璃钢厚度为1.5～3.5mm。由于保温型无机玻璃钢风管管壁的夹层玻璃棉板为绝热材料，因而有良好的保温性能，常温下的导热系数为0.029W/(m·℃)。其他性能同普通型无机玻璃钢风管。

**3. 保温消声型无机玻璃钢风管**

（1）风管管壁外层为无机玻璃钢，内表面为玻璃纤维布，中间夹层为玻璃棉板，玻璃棉板密度为64kg/m³，板厚有25、30、40mm。

（2）主要技术性能：

1) 导热系数：常温下0.027W/(m·℃)

2) 防火性能：不燃

3) 单位长度摩阻、防潮、消声同复合玻纤风管

4) 抗静压强度、抗腐蚀性能同普通型无机玻璃钢风管

（3）实例（图8-8）

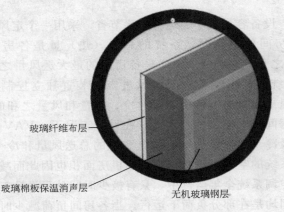

图 8-8 保温消声型无机玻璃钢风管

## （六）变风量空调系统

**1. 变风量空调系统（又称 VAV 系统）工作原理**

当空调房间负荷发生变化时，系统末端装置自动调节送入房间的送风量，确保房间温度保持在设计范围内，从而使得空调机组在低负荷时送风量下降，空调机组的送风机转速也随之降低，达到节能的目的。即在不改变送风温度的前提下，通过改变系统末端送风量的大小来维持室温不变。变风量空调系统有单风道、双风道、风机动力箱式和诱导器式四种形式。

**2. VAV 系统的特点**

（1）分区温度控制　全空气定风量系统只能控制某一特定区域的温度，对于一个风系统服务于多个房间时，定风量系统不可能满足每个房间的温度要求。若采用变风量系统，由于每个房间内变风量末端装置可随该房间温度的变化而自动控制送风量，使得空调房间过冷或过热现象得以消除，也使得能量得以合理利用。

(2) 设备容量减小、运行能耗节省　采用一个定风量系统担负多个房间的空调时，系统的总冷（热）量是各房间最大冷（热）量之和，总送风量也应是各房间的最大送风量之和。采用VAV系统时，由于各房间变风量末端装置独立控制。系统的冷、热量或风量应为各房间逐时冷、热量和风量之和的最大值，而非各房间最大值之和。因此，在设计工况下，VAV系统的总送风量及冷（热）量少于定风量系统的总送风量和冷（热）量，于是使系统的空调机组减小，占用机房面积也因此而减小。

在空调系统全年运行中，只有极少时间处于设计工况，绝大多数时间均是在部分负荷下运行。当各房间负荷减少时，各末端装置的风量将自动减少，系统对总风量的需求也会下降，通过变频控制手段，降低空调机组送风机的转速，使其能耗降低，节省系统运行能量。

(3) 房间分隔灵活　对于较大规模的写字楼，一般采用大空间设计，待其出租或出售后，用户通常会根据各自的使用要求对房间进行二次分隔及装修。VAV系统由于其末端装置的布置灵活，能比较方便地满足用户的要求。

(4) 安装方便、维修工作量少　VAV系统只有风管（或者热水管），而没有冷水管、空气冷凝水管进入空调房间，避免了由于水管阀门漏水和冷水管保温未做好以及空气冷凝水管坡度未按要求设置，排水堵塞而使凝结水下滴损坏吊顶的现象，减少了日常的维修工作量。

# 九、通风空调系统的试运转及调试

通风空调工程安装完毕之后,要进行试车,试车又叫试运转,也叫启动检查。对系统进行测定和调试,其内容包括两方面:设备单机试运转及调试;系统无生产负荷下的联合试运转及调试。

根据施工质量验收规范的要求,施工单位对所施工的通风、空调工程,必须进行单体设备试运转、系统联合试运转及系统的调试,使单体设备能达到性能要求,使系统能够协调的动作,使系统各设计参数达到预计的要求。

试运转及调试除了涉及通风机风量、风压及转数,系统与风口的风量测定、平衡等方面外,还包括制冷系统压力、温度、流量等各项技术数据的测定与调整,空调系统带冷(热)源联合试运转。

空调工程的制冷系统(包括冷水机组、冷冻水管道系统)以及为冷水机组服务的冷却水系统,都是通风空调工程的重要组成部分,但并不是通风工的工作内容。因此,本章将不包括这方面的内容。也就是说,本章只包括通风空调系统试运行及调试中与通风工有关的内容。

通风空调系统试运转及调试,是一项技术性要求较强的综合性工作,在试运转和调试过程中应由建设单位、监理单位和施工单位共同参与,统一认识,协调行动,使调试工作能够顺利的进行。

## (一)试运转及调试的准备

为使试运转有条不紊地进行,应做好试车前的准备工作。

**1. 进行试运转及调试的条件**

(1) 通风空调系统安装工作完成后,各分部、分项工程应经建设单位和监理单位对工程质量进行检查,并确认工程质量符合施工质量验收规范的要求。

(2) 制定系统试运转方案及工作进度计划,组织好试运转技术队伍,并明确建设单位、监理单位和施工单位现场负责人及各专业技术负责人,以便于工作的协调和解决试运转及调试过程中可能出现的技术问题。

(3) 熟悉与试运转、调试有关的设计资料及设备资料,对设备的性能及技术资料中的主要参数应有清楚的了解。

(4) 试运转及调试期间所需的水、电、蒸汽及压缩空气等的供应,应能满足使用的条件。

(5) 在试运转及调试期间所需要的人员、仪器仪表、设备、物资应按计划进入现场。

(6) 通风空调系统所在场地的土建施工应完工,门、窗齐全,场地应清扫干净。

**2. 通风空调设备及风管系统的准备**

(1) 检查通风空调设备和风管系统的安装是否已经完成,有无尚未整改的缺陷。

(2) 空调器和通风管道内应打扫干净。检查风量调节阀、防火阀及防火排烟阀的开启状态是否符合要求。检查和调整送风口和回风口(或排风口)内的风阀、叶片的开度和角度。

(3) 检查空调器内其他附属部件的安装状态,使其达到正常使用条件。

(4) 设备应进行清洗的,按技术要求进行清洗。运转设备的轴承部位及需要润滑的部位,添加适当的润滑剂。

**3. 管道系统的准备**

管道系统的准备主要包括制冷管道系统的准备和冷却水、冷冻水、蒸汽或热水等管道系统的准备。因不属于通风工的范围，不再介绍。

**4. 电气控制系统的准备**

在试运转及调试方案中应有具体规定，不属于通风工的范围。

**5. 自动调节系统的准备**

对敏感元件、调节器及调节执行机构等进行安装后的检查，确认安装及接线（或接管）正确，零件、附件齐备；自动调节装置的性能经校验后，应达到有关规定的要求；检查一、二次仪表的接线和配管，应正确无误；自动调节系统应进行模拟动作试验。

## （二）设备单机试车

这里仅介绍风机的试运转。对于整个空调系统而言，还有空调用冷冻水水泵的试运转、冷水机组用冷却水水泵的试运转、冷却塔的试运转、空调制冷设备的试运转，但对工人来说，它不属于通风工的工作范围，故不再作介绍。

**1. 试运转前的准备与检查**

（1）对风机进行外观检查，核对风机、电动机型号规格及皮带轮直径是否与设计相符。

（2）检查风机、电动机的皮带轮（联轴器）的中心是否在一条直线上，地脚螺栓是否拧紧。

（3）传动皮带松紧程度是否适度。皮带过紧易于磨损，同时增加电机负荷；皮带过松会在皮带轮上打滑，降低效率，使风量和风压达不到要求。

（4）轴承箱应清洗并应在检查合格后，方可加注润滑油，润滑油的种类和数量应符合设备技术文件的规定。

(5) 检查风机进出口处柔性短管是否严密。

(6) 电机的转向应与风机的转向相符。用手盘车时，风机叶轮应无卡碰现象。

(7) 检查风机调节阀门，启闭应灵活，定位装置应可靠。应关闭进气调节门。

(8) 检查电机、风机、风管接地线，连接应可靠。

**2. 风管系统的风阀、风口检查**

(1) 关好空调器上的检查门和风管上的检查人孔门。

(2) 干管及支管上的多叶调节阀应全开；如有三通调节阀应调到中间位置。

(3) 送、回（排）风口的调节阀全部开启。

(4) 风管系统中的防火阀应置于开启位置。

(5) 新风及一、二次回风口、加热器前的调节阀开启到最大位置；加热器的旁通阀应处于关闭状态。

**3. 风机的启动与运转**

(1) 点动电动机，各部位应无异常现象和摩擦声响，如一切正常，方可启动进行运转。

(2) 风机启动达到正常转速后，应首先在调节门开度为 $0°\sim 5°$ 之间进行小负荷运转，待达到轴承温升稳定后，连续运转时间不应少于 20min。

(3) 小负荷运转正常后，应逐渐开大调节门，但电动机电流不得超过额定值，直至规定的负荷为止，连续运转时间不应少于 2h。

(4) 风机在额定转速下连续运转 2h 后，滑动轴承外壳最高温度不得超过 70℃，滚动轴承不得超过 75℃。

(5) 具有滑动轴承的大型通风机，负荷试运转 2h 后应停机检查轴承，轴承应无异常，当合金表面有局部研伤时，应进行修整，再连续运转不应少于 6h。

(6) 当高温离心通风机进行高温试运转时,其升温速率不应大于 50℃/h;当进行冷态试运转时,其电机不得超负荷运转。

### 4. 风机在运转过程中的主要故障及原因

(1) 轴承温升过高。其原因主要有:轴承箱振动剧烈;轴承箱盖座联接螺栓的紧固力过大或过小;轴与滚动轴承安装有歪斜现象,致使前后两轴承不同心;滚动轴承损坏;润滑油脂质量不良或填充过多。

(2) 轴承箱振动剧烈。其原因主要有:机壳或进风口与叶轮相碰而产生摩擦;叶轮铆钉松动或轮盘变形;叶轮轴盘与轴的联接松动;叶轮动平衡性能不好;机壳与支架、轴承箱与支架、轴承箱盖与座等联接螺栓松动;基础的刚度不够;风机的进出口风管安装不良。

(3) 皮带跳动或滑下。风机的皮带跳动,主要是由于风机两皮带轮距离较近或皮带过长。风机的皮带从皮带轮上滑下,主要是由于两皮带轮位置彼此不在一个平面上。

(4) 电动机电流过大、温升过高。其原因主要有:风机启动时进风管的调节阀开度较大,使风机的风量超过额定风量范围;电动机的输入电压过低或电源单相断电;受轴承箱振动剧烈的影响。

## (三) 常用测试仪表

在实际工作中,空调系统测试与调整是由专业的空调调试人员来进行的,不是由进行安装施工的通风工来进行的。多数情况下是由通风工进行配合、协助专业调试人员进行测试与调整工作。因此,这里仅对常用的测试仪表作一般性的介绍,旨在使通风工有一些了解。

### 1. 测量温度的仪表

(1) 玻璃管水银温度计  玻璃管水银温度计的最大测量范围

为-30～600℃，空调测温用0～50℃较多；这种温度计是利用液体（如水银、酒精）遇热膨胀、遇冷收缩的性质来测量温度的，构造简单，使用方便，价格便宜，有足够的准确度。分度值有1.0℃、0.5℃、0.2℃及0.1℃等数种。

（2）双金属自记温度计 双金属自记温度计的感温元件是由两种线膨胀系数不同的金属片叠焊接在一起组成的，其原理如图9-1所示。双金属片一端固定，另一端（自由端）与调节传动机构相连，并带动记录指针。当双金属片周围温度发生变化时，由于两种金属片的线膨胀系数不同而产生弯曲，并带动指针偏转，其偏转程度与温度的变化成正比。在指针偏转过程中，即可在印有温度标度的记录纸（由时钟装置带动）上自动记录出所测温度的变化曲线。

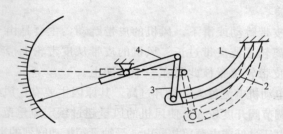

图9-1 双金属自记温度计原理图
1—金属片（有较大膨胀系数的）；2—金属片（有较小膨胀系数的）；
3—杠杆；4—记录指针

双金属自记温度计的优点是可以自记，便于观察温度变化的规律，缺点是误差较大，精度仅为±1℃。

（3）热电偶温度计 在温度测量中，热电偶是经常使用的一种感温元件，它与电气测量仪表组合成的测温系统称为热电偶温度计。

热电偶温度计的原理是：用两种不同金属导线的两端焊接成一个闭合回路，只要两端（即热端和冷端）温度不同，就会在闭合回路中产生热电势，这种现象称为热电效应。这两种不同导体的组合体称为热电偶。

由于使用材料的纯度不一致,焊接质量不同,每支热电偶所产生的热电势值也不完全一致,所以热电偶在使用之前都必须经过校验。

热电偶既可以测量空气的温度,也可以测量物体表面的温度(当热端置于物体内部时,也可测定内部的温度)。测量物体表面温度时,必须设法使热电偶的热端与物体表面接触良好。

由于热电偶测量范围广、热惯性小、灵敏度高,可以远离测点,而且可以同时进行多点测量,所以在工程中应用相当广泛。

**2. 测量相对湿度的仪表**

(1) 普通干湿球温度计　普通干湿球温度计是将两支相同的水银温度计(一支为干球温度计,另一支温包上裹有湿纱布的为湿球温度计)固定在平板上,平板上标有刻度尺,还附有供查对温度用的计算表(该表是针对一定空气流速,例如 $v \leqslant 0.5 \mathrm{m/s}$ 或 $v \geqslant 2 \mathrm{m/s}$ 编制的),如图 9-2 所示。只要测出干球温度和湿球温度后,根据干球温度和湿球温度之差,通过专用的相对湿度算表,即可查出空气的相对湿度,或者根据干湿球温度值,从焓湿图上直接查得。

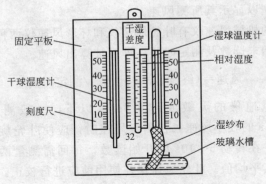

图 9-2　普通干湿球温度计

普通干湿球温度计的结构简单,使用方便。但测量精度较差,尤其是室内空气流速的变化和温度计周围有辐射面时,对测量结果影响较大。所以仅适用于对相对湿度要求不高情况下的测定。

(2) 热电阻干湿球温度计

热电阻干湿球温度计是由两个完全相同的热电阻(一支为干球铂电阻,一支为湿球铂电阻)组成,干球铂电阻和湿球铂电阻以导线经转换开关和指示仪表相接。有的还在温包处用小风扇形成一定风速。这种干湿球温度计的外接线路电阻一定要准确,两个热电阻误差要小。

使用这种干湿球温度计,查算相对湿度时,可根据流经其温包的风速进行:自带小风扇或放在风管内经一定措施限定风速约为2m/s者,用通风干湿球查算表;如放在百叶箱或室内,可按风速小于或等于0.5m/s查算。

热电阻干湿球温度计可用于遥测湿度。

### 3. 测量风速的仪表

(1) 机械风速仪　机械风速仪是利用流动气体的动压推动叶轮产生旋转运动,其转速与风速成正比,而叶轮的转速通过机械传动装置,以显示其所测风速。

常用的机械风速仪有叶轮风速仪和杯形风速仪两种。根据测风速时的始末读数及测定时间,即可计算出风速。

$$风速=(终读数-初读数)/测定时间$$

叶轮风速仪的灵敏度为0.5m/s以下,一般测量范围为0.5~10m/s的较小风速。在测定风速时,应使叶轮旋转面与气流垂直,并在转动5~10s后开始读数,每回需测量两次或两次以上,取其平均值。叶轮风速仪在使用前应进行校正。

由于叶轮风速仪使用方便,广泛用于测定气流分布均匀的风口、罩口及空调处理室等的迎面风速。杯形风速仪是用来测量较大的风速,一般为 1~20m/s,或 1~40m/s。

(2) 热电风速仪

热电风速仪是根据流体中受热物体的散热率与流体流速成正比的原理制成的,常用的有热线风速仪和热球风速仪,如图 9-3 所示。

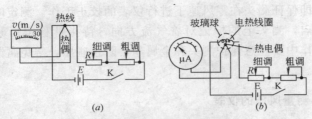

图 9-3 热电风速仪原理图
(a) 热线风速仪;(b) 热球风速仪

从图 9-3 中可以看出,热线式风速仪除电热丝与热电偶相连外,其他均与热球式风速仪相同。

热球风速仪有两个独立的电路:一是以测头(由玻璃球、电热线圈和热电偶组成)中电热线圈为主体的加热电路,该电路里串联一直流电源 $E$(一般为 2~4V)、可调电阻 $R$ 及开关 $K$;二是以测头中热电偶为主体的测温电路,该电路里串联一只微安表。热电偶热端与电热线圈放在一起,并用玻璃球(即热球,直径约为 0.6mm)包上,两个冷端焊在磷铜的支柱上,并暴露于空气中。

当电热线圈通以额定电流时,其温度升高,加热了玻璃球(由于玻璃球体积很小,可以认为球体的温度就是电热线圈的温度),热电偶便产生热电势,由此产生的热电流由微安表指示出来。玻璃球的温升,热电势的大小均与气流速度有关。气流速度越大,球体散热愈快,温升愈小,热电势值也就愈小;反之,气流速度愈小,球体散热慢,温升愈大。根据这个关系,可在仪表上直接指示出风速值。因此将测头放在气流中,即可直接读出气流速度。

热球风速仪的优点是热情性小,反应快,测速范围为0.05～30m/s,对低风速测量尤为优越。缺点是容易损坏,测头互换性差。

热电式风速仪主要用于室内通风口、回风口风速及室内气流速度的测定。测定前测头套筒未开启时,测杆需垂直放置,头部朝上,即保证测头在零风速下进行仪表的校正工作。测定时测头套筒开启,测头上的标记对着气流方向,待指针稳定后开始读数。操作中要注意保护测头和金属丝,防止碰撞,避免腐蚀,保持干燥。

**4. 测量风压的仪表**

测量通风空调系统风压的常用仪表有毕托管、U形压力计、杯形压力计、倾斜式微压计和补偿式微压计等。

(1) 毕托管　毕托管也叫测压管,用于从风管的风量测定孔处插入风管内,将气流的静压、全压和动压传递出来,通过与毕托管相连的压力计(如U形压力计或微压计),指示出所测压力数值的大小。

毕托管的构造如图9-4所示,是用一根内径为2.5mm和另一根内径为6～8mm紫铜管同心接在一起焊制而成。外管为静压管,内管为全压管。头部呈半球形,用黄铜制成,中间小孔为全压孔,在离测头不远处的外管上有一圈(一般8个)小孔为静压孔。

普通毕托管若用于测量含尘气流压力时,测压孔容易被堵塞而不能使用,在这种情况下通常采用S形测压管。它由两根相同直径的金属管组成,测口端做成两个方向相反而开孔面相互平行的测孔,

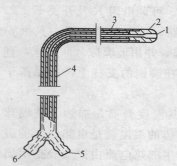

图9-4　毕托管的构造
1—全压孔;2—头部;3—静压孔;
4—管身;5—全压接头;
6—静压接头

测定时正对着气流的孔口测的是全压,另一个背向气流的孔口测的是静压。由于背向气流开孔处的吸力影响,所测得的静压值有一定的误差,因此,每根S形测压管必须在使用前用标准毕托管加以校正。

(2) U形管压力计　U形管压力计是常用的最简单的测压显示仪表。U形管压力计是将一根直径不变的U形玻璃管,固定在带有刻度的平板标尺上,刻度的零位在标尺的中间,U形管内注入工作液体(如水等),使液面高度正好处于零位。

测量时,将被测点用胶皮管与U形管的一端接通,U形管的另一端与大气相通。在风压作用下,U形管内的液位会发生变化,两个液位的高度差即为所测的压力值。若测压力差时,则U形管的两端分别与两处被测点相通。被测点的压力可按下式确定:

$$p = gh\rho \text{ (Pa)}$$

式中　$g$——重力加速度,取 $9.81 \text{m/s}^2$;
　　　$h$——工作液柱高度(m);
　　　$\rho$——工作液体密度($\text{kg/m}^3$)。

U形管压力计多用来测量风机压出端和吸入端的全压值和静压值。通常用水作为U形管的工作液体,此时被测点的压力计算可简化:

$$p = 9.81h \text{ (Pa)}$$

式中　$h$——工作水柱高度(mm)。

(3) 倾斜式微压计　倾斜式微压计如图9-5所示,由一根可调整倾斜角度的玻璃毛细管和一个截面积较大的杯状容器组成,两者在底部连通。工作液体一般使用酒精。当被测压力与截面积较大的杯状容器接通时,容器内的液面会稍有下降(可以认为液面高度几乎不变,所引起的误差甚微),而液体沿倾斜管移动距离却较大,这样就提高了仪表的灵敏度和读数的精度。

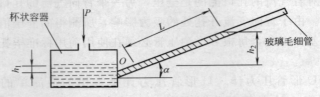

图 9-5　倾斜式微压计

由图 9-5 可以看出表示压力 $P$ 的液柱 $h$ 升高为：

$$h = h_1 + h_2 = h_1 + L\sin\alpha \quad (\text{mm})$$

由于杯形容器内的液面稍有下降所引起的误差很小，$h_1$ 可以忽略不计，于是被测压力的水柱高度为：

$$h \approx L\sin\alpha$$

被测压力 $P$ 则为：

$$P = L\rho g\sin\alpha \quad (\text{Pa})$$

式中　$L$——倾斜玻璃毛细管的指示值（m）；
　　　$\rho$——工作液体密度，使用酒精为 810kg/m³；
　　　$g$——重力加速度，取值为 9.81m/s²；
　　　$\alpha$——倾斜玻璃毛细管与水平面的夹角。

在上式中，$L$ 值单位若取为毫米，则酒精的 $\rho$ 值则取为 0.81，水的 $\rho$ 值则取为 1.0。对一定的工作液体和一定的倾斜角 $\alpha$，$\rho g\sin\alpha$ 是一个常数，称为倾斜式微压计常数，用 $K$ 表示，这样上式可改写为：

$$P = KL \quad (\text{Pa})$$

倾斜式微压计的工作液一般使用酒精，倾斜玻璃管设计成不同的角度，使 $K$ 有 0.2，0.3，0.4，0.6，0.8 五个常数，并标注在仪器的弧形支架上，只要读出倾斜管中的示值 $L$，再乘上相应的 $K$ 值，就得其被测压力 $P$。

倾斜式微压计主要用以测量通风空调系统风管内的空气压力，其测量范围为 0~200mmH₂O（即 0~1961Pa，1mmH₂O 相当于 9.81Pa），最小读数可达 0.20mmH₂O（即 1.96Pa），结构紧凑，使用方便。

倾斜式微压计的使用要点如下：

1) 首先将仪器大致放平，然后调节脚螺丝，使水准器中的气泡居中。

2) 按选定的 $K$ 值，将倾斜测管固定在弧形支架的相应位置上。

3) 将仪器的多向阀手柄扳向"校准"位置，拧开加液盖，注入密度为 $0.81g/cm^3$ 的酒精至容器深度的 2/3 为止，拧紧加液盖。

4) 调整零位调节旋钮，使测量管中的酒精液面正好处于零位。如果调整后低于零位，应再加入一些酒精；如果调整后液面总在零位以上，可将测量管顶端的橡皮管拔掉，从"+"接头端轻轻吹气，将多余的酒精从"-"接头端吹出。

5) 将多向阀手柄扳向"测量"位置，在测量管上即可读出液柱长度，根据测量管所在固定位置上的仪器常数，就可以算出压力值。

6) 仪器使用完毕，要将多向阀手柄扳到"校准"位置。若长期不用，可按前面讲过的方法将酒精从仪器中全部吹出。

### (四) 通风空调系统的测定与调整

空调系统各单体设备经过试运转及各个系统的试运转后，要以设计的参数为准，对空调系统进行测定与调整，以使室内空气达到设计规定的温度、相对湿度、空气流速。对于洁净空调系统，空气的洁净度是一项主要指标。

空调系统测定与调整的具体内容，应根据系统的具体设计要求而定，基本上可分为舒适性空调系统、恒温恒湿空调系统及洁净空调系统。民用建筑中的空调一般都是舒适性空调系统。

**1. 风管系统风量的测定与调整**

通风空调系统风量测定调整的目的是使系统总风量（包括送

风量、回风量、新风量及排风量等）和各分支管的风量符合设计要求。

这里简单介绍风管风量、送回风口风量和风机风量的测定。

(1) 风管风量的测定  通过风管内的风量为：

$$L = 3600Fv \quad (\text{m}^3/\text{h})$$

式中  $F$——风管的测定断面面积，$\text{m}^2$；

　　　$v$——测定断面的平均流速，m/s。

可见，在风管内测定风量，就是测定风管的断面面积及断面平均流速。断面面积由风管尺寸确定，而断面平均流速与选定的断面、选定的测点位置有关。因此测定通过风管的风量主要是测定风管内的风速。

测定风速使用的仪表主要有前面介绍的毕托管、微压计、叶轮风速仪和热球风速仪等。

测定断面应该选择在气流稳定的直管段上，离开产生涡流的局部构件有一定的距离。即按气流方向，选定在局部阻力之后大于或等于4~5倍管径，在局部阻力之前大于或等于1.5~2倍管径的直管段上。如图9-6所示。

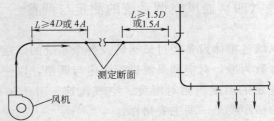

图 9-6  风管测定断面的位置

在现场条件下，有时难以找到符合上述条件的断面，而不得不改变测定的位置，此时应注意两点：一是所选择的断面应当是平直管段；二是该断面距前面局部阻力的距离比距离它后面局部阻力的距离长一些。测定断面的数目应选择合适，以便对测定的结果能相互校核。

由于风管断面上各点的气流速度是不相等的，应当测量许多个点，再求其平均值。断面内测点的位置和数目，主要根据风管形状和尺寸大小而定。

1) 矩形截面测点的位置

在矩形风管内测量平均风速时，将风管断面划分为若干个接近正方形的小断面，其面积不得大于 $0.05m^2$（即每个小截面的边长为 200～250mm，最好小于 220mm），测点位于各小截断面的中心处，至于测孔开在风管的大边或小边，应视现场情况而定，以方便操作为原则。矩形断面的测点位置如图 9-7 所示。

2) 圆形断面测点的位置

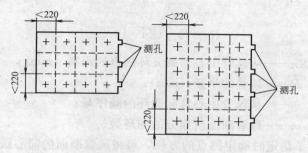

图 9-7 矩形断面的测点位置

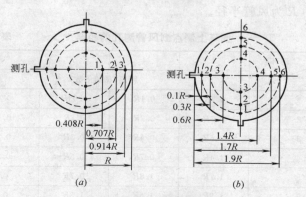

图 9-8 圆形断面的测点位置

(a) 圆形断面的测点位置；(b) 断面为三个圆环的测点位置示例

在圆形风管内测量平均风速时，应根据管径的大小，将断面分成若干个面积相等的同心圆环，每个圆环测量四个点，且这四个点必须位于互相垂直的两个直径上。圆形风管的测点分环数按表 9-1 选用。圆形断面的测点位置如图 9-8 所示。

圆形风管的测点分环数　　　　　　　　　　表 9-1

| 圆形风管直径(mm) | 200 以下 | 200～400 | 400～700 | 700 以上 |
|---|---|---|---|---|
| 圆环数 | 3 | 4 | 5 | 6 |
| 测点数 | 12 | 16 | 20 | 20～24 |

圆形风管断面的同心圆环上各测点到风管中心的距离，按下式计算：

$$Rn = R\sqrt{(2n-1)/2m}$$

式中　$Rn$——从风管中心到第 $n$ 环测点的距离（mm）；
　　　$R$——风管的半径（mm）；
　　　$n$——从风管中心算起圆环的顺序号；
　　　$m$——风管断面所划分的圆环数。

为了测定时确定测点的方便，可将风管断面的同心圆环上测点到风管中心的距离，换算成测点到测孔管壁的距离，见表 9-2。表中 $R$ 为风管半径。

圆环上测点到风管测孔的距离　　　　　　　　表 9-2

| 测点 \ 圆环数 | 3 | 4 | 5 | 6 |
|---|---|---|---|---|
| | 距离($R$ 的倍数) | | | |
| 1 | 0.1$R$ | 0.1$R$ | 0.05$R$ | 0.05$R$ |
| 2 | 0.3$R$ | 0.2$R$ | 0.2$R$ | 0.15$R$ |
| 3 | 0.6$R$ | 0.4$R$ | 0.3$R$ | 0.25$R$ |
| 4 | 1.4$R$ | 0.7$R$ | 0.5$R$ | 0.35$R$ |
| 5 | 1.7$R$ | 1.3$R$ | 0.7$R$ | 0.5$R$ |
| 6 | 1.9$R$ | 1.6$R$ | 1.3$R$ | 0.7$R$ |
| 7 | | 1.8$R$ | 1.5$R$ | 1.3$R$ |

续表

| 测点\圆环数 | 3 | 4 | 5 | 6 |
|---|---|---|---|---|
| | 距离（R 的倍数） | | | |
| 8 | | 1.9R | 1.7R | 1.5R |
| 9 | | | 1.8R | 1.6R |
| 10 | | | 1.9R | 1.75R |
| 11 | | | | 1.85R |

3）测定断面的平均动压与平均风速

风管内任意断面上的全压等于其静压与动压之和，而动压等于全压与静压之差。据此，并根据倾斜微压计的测压原理，欲测风管断面上的全压、动压和静压，可按图 9-9 所示的方式连接毕托管和倾斜微压计。

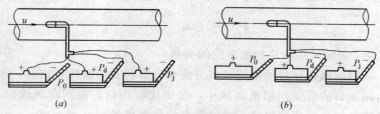

图 9-9　毕托管与倾斜微压计的连接
（a）正压风管中的连接方式；（b）负压风管中的连接方式
$P_0$—全压；$P_d$—动压；$P_j$—静压

由图 9-9 可以看出，对倾斜微压计来说，在测量正压时（如测正压管道上的全压和静压），要从"＋"接头接入；在测量负压时（如测负压管道上的全压和静压），要从"－"接头接入；测量压力差时，动压不论处于负压管段还是正压管段，都是将较大压力（指全压）接"＋"接头，较小压力接"－"接头。

总之，通过用不同的连接方式使毕托管和倾斜微压计连通，即可测出风管断面上的全压、静压和动压，然后用公式计算出测定断面上的平均动压值，再按平均动压值计算出测定断面上的平均风速。知道了平均风速和风管断面积，即可按前面介绍的公式进行风量的计算。

（2）风口风量的测定　风口处的气流一般较复杂，测定风量比较困难。只有不能在分支管处测定时，才在风口处测定。

送风口风量等于送风口风速与送风口净面积之乘积。

对带有格栅或网格的送风口，为了简化计算，建议送风口的风量按下式计算：

$$L = 3600 F v K \quad (m^3/h)$$

式中　$F$——送风口的外框面积（$m^2$）；

　　　$v$——风口处测得的平均风速（m/s）；

　　　$K$——考虑格栅装饰的修正系数，一般取 $K=0.7\sim1.0$；

对带有叶片的风口，在计算风量时，宜将风口的外框面积 $F_w$，乘以 $\cos\alpha$，即送风口的净面积值为：

$$F_j = F_w \cos\alpha \quad (m^2)$$

式中，$\alpha$ 为风口叶片与水平线的夹角。

对回风口风量的测定，其方法与计算公式与送风口相同。因为回风口的吸气作用范围较小，气流比较均匀，在测定风速时，只要贴近格栅或网格处，其结果是比较准确的。

对风口的平均风速可用叶轮风速仪测定，其测定方法常用匀速移动测量法和定点测量法。

匀速移动测量法适用于断面面积不大的风口，将风速仪沿整个断面按一定的路线缓慢地匀速移动，移动时风速仪不得离开测定平面，此时测得的结果可认为是断面平均风速。用此法测定不应少于三次，然后取其平均值。

定点测量法是按风口断面大小，将其划分为若干个面积相等的小块，在小块中心测量风速。对于尺寸较大的矩形风口，可分为 9~12 个小块进行测量；对于尺寸较小的矩形风口，一般测 5 个点即可；对于条缝形风口，在其高度方向至少应有两个测点，在其长度方向可以分别取 4~6 个测点；对于圆形风口，测点不应少于 5 个。风口平均风速可用算术平均值计算。

风口风量的测定除采用以上基本方法外，近年来国内有些单位采用了风口常数法、加罩法和吸引法等新方法测风口风量。

(3) 系统风量的调整　通风空调系统风量调整，在不同情况下应用的方法有基准风口法、流量等比分配法和逐段分支调整法等。后者只适用于较小空调系统。

1) 基准风口调整法　这种方法就是在系统风量调整前先对全部风口的风量初测一遍，并计算出各个风口的初测风量与设计风量的比值，将其进行比较后找出比值最小的风口。将这个比值最小的风口作为基准风口，由此风口开始进行调整。风量的调整一般从离通风机最远的支干管开始，按照一定的程序和方法进行。

2) 流量等比分配法　利用流量等比分配法对送（回）风系统进行调整，一般须从系统的最远管段即从最不利的风口开始，逐步地调向风机。为便于顺利调整，可用两套仪器分别测定三通以后支干管、支管的风量，并用三通阀进行调节，使支干管与支管的实测风量比值与设计风量比值近似相等为止。

显然，实测风量不可能正好等于设计风量。根据风量平衡原理，只要将风机出口总干管的总风量调整为接近设计风量，则各支干管、支管的风量就会按照各自的设计风量比值进行等比分配，则会符合设计风量值。

流量等比分配法的优点是结果准确，适用于较大的集中式空调系统；缺点是测量前在每一管段上都需要打测孔。

系统风量调整完毕，应在风阀手柄上用油漆涂上标记，将风阀位置固定。

**2. 风机性能的测定**

风机性能的测定是空调系统试验调整的主要内容之一，在空调系统风量测定调整以后进行。

风机性能测定的项目有风压、风量、转数、轴功率和效率等。一般情况下，只需测出风压、风量、转数；特殊情况下（如风机性能达不到设计要求，需要查明原因时）才需要测定轴功率和效率。

(1) 风压  风机风压是以全压表示。测定用的仪表：风机风压在 50Pa 以下时，用毕托管和倾斜管微压计测定；风机风压大于或等于 50Pa 时，用毕托管和 U 形管压差计测定。

风机出口处全压的测定同风管内全压的测定。测定断面应尽量选在靠近风机出口而且气流比较稳定的直管段上。如果风压测定断面离风机出口较远时，应将测定断面上所测得的全压值加上从该断面至风机出口处这段风管的理论压力损失。

风机入口处全压的测定，要注意将测定断面尽量靠近风机入口处。对单面进风的风机，若风机入口处有帆布短管，则在帆布短管前面直管处打测孔，用毕托管测量；若风机入口为小室，则用毕托管在吸入口安全网处测量，圆形吸入口的测点分布可参考表 9-1、表 9-2；对于装在空调机内的双面进风的风机，可用杯形风速仪测定风机两侧入口处的平均风速，从而求出动压值；再用毕托管和 U 形管压力计测风机室内的静压，将静压的绝对值减去动压值，即得入口处的全压绝对值（作为全压应在前面加负号）。

(2) 风量  风机风量就是风机出入口处风量的平均值，即：

$$L=(L_x+L_y)/2 \quad (m^3/h)$$

式中  $L_x$、$L_y$，为风机入口、出口处测得的风量（$m^3/h$）。

风机出口处风量测定同风管风量测定。风机入口处风量测定，可在风机入口安全网处用杯形风速仪来进行，一般选取上、下、左、右和中间五个点进行定点测量。

风机出、入口处所测风量的差值不应大于 5%。否则，应重新测量。

风机风量一般应比空调系统要求的总风量略大。

(3) 转速  风机或电动机的转速可使用转速表测得。当现场

无法使用转速表测定时,可用实测出的电动机转速按下式换算出风机的转速:

$$n_1 = n_2 D_2 / D_1$$

式中　$n_1$、$n_2$——分别为风机和电动机的转速(r/min);
　　　$D_1$、$D_2$——分别为风机和电动机皮带轮直径(mm)。

(4)轴功率和效率　风机的轴功率就是电动机输出的功率,可用功率表直接测出,也可用钳形电流表、电压表测得电流电压数值后,按一定的公式计算得出。

风机的效率是指风机输出空气所获得的能量(即风机的有效功率)与电动机所输出的能量(轴功率)之比,也可按一定的公式计算得出。

**3. 空调系统空气处理过程的测定与调整**

空调系统空气处理过程测定的目的,是检查空气处理设备实际能力是否达到设计要求。空气处理过程是由加热、冷却(及减湿冷却)和加湿等单项处理过程组成的,主要包括以下几个方面:

(1)空气冷却装置能力的测定;
(2)空气加热装置能力的测定;
(3)空气过滤器及冷却装置、加热装置阻力的测定。

空气处理过程的测定与调整是一项专业性很强的工作,是由调试专业人员进行的,作为工人教材,不再作介绍。

**4. 室内空气参数测定简介**

室内空气参数的测定应在风管系统风量及空气处理设备均已调整完毕,送风状态参数符合设计要求,室内热湿负荷及室外气象条件接近设计工况的条件下进行。

室内空气参数测定的目的是检查室内的温度、相对湿度、气流速度、洁净度及噪声等是否满足生产工艺和人体舒适的要求。

# 十、通风与空调工程常见质量通病及防治

## （一）矩形薄钢板风管扭曲、翘角、强度不够

**1. 具体表现**

风管出现明显变形，不同程度下沉，风管表面不平整，对角线不等，相邻面不垂直、不平行等。

**2. 原因和危害**

风管制作不标准，厚度不够，咬口选择不当，合缝受力不均，未采取加固措施等，引起风管系统颤动，噪声大，连接部分受力不均，加大漏风量，降低风管使用寿命。

**3. 防治方法**

（1）风管制作应按标准进行。咬口形式要符合要求，手工咬口要均匀地压实压平。咬口预留尺寸见表 10-1 及表 10-2。

机械咬口预留尺寸 (mm)　　　　表 10-1

| 咬口形式 | 咬口板材厚度 | 咬口预留尺寸 | |
|---|---|---|---|
| | | 外滚 | 中滚 |
| 按扣式直线咬平 | 0.5～1.0 | 11 | 31 |
| 联合角式直线咬口 | 0.5～1.2 | 7 | 30 |
| 单平直线咬口 | 0.5～1.2 | 10 | 24 |
| 按扣式弯头咬口 | 0.5～1.0 | 10 | |
| 联合角式弯头咬口 | 0.5～1.2 | 10 | |

手工咬口预留尺寸（mm） 表 10-2

| 咬口板材厚度 | 咬口预留尺寸 | | | | | |
|---|---|---|---|---|---|---|
| | 单平咬口 | | 角咬口 | | 联合角咬口 | |
| 0.5～0.7 | 12 | 6 | 12 | 6 | 21 | 7 |
| 0.8 | 14 | 7 | 14 | 7 | 24 | 8 |
| 1.0 | 18 | 9 | 18 | 9 | 28 | 9 |

（2）对风管要采取加固措施，加固方法如图 10-1 所示。

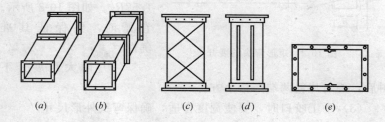

图 10-1 风管的加固形式
(a) 角钢加固；(b) 角钢框加固；(c) 风管壁棱线；
(d) 风管壁滚槽；(e) 风管内壁加固

## （二）薄钢板弯头角度不正确

**1. 具体表现**

弯头表面不平整，管口对角线不等，咬口不正确，角度线偏斜，直径小及外形歪曲等。

**2. 原因及危害**

弯头主要是下料不准确，手工咬口时宽度不一致，咬口严密性差，与风管连接时影响垂直和水平度的准确性，甚至形成风管系统扭曲。

### 3. 防治方法

(1) 矩形弯头展开其侧壁用尺寸 $R_1$、$R_2$ 划线，宽度应加折边咬口余量，防止法兰安上不合适。弯头背面和里面展开长度分别为 $1.57R_1$、$1.57R_2$。如图 10-2 所示。卷弧时，要保证其准确性。

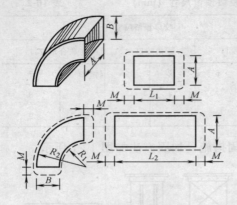

图 10-2 矩形弯头的展开

(2) 两大片展开下料后，要对片料两端严格角方。

(3) 手工咬口时，要使宽度合适，确保弯头外形尺寸。

## (三) 薄钢板圆形三通角度不对，咬口不严密

### 1. 具体表现

三通角度线偏斜，造成咬口处漏风。

### 2. 原因与危害

下料不准确，咬口宽度不一致，插条加工尺寸有误，其结果与风管系统内部件连接后，影响其坐标和位置尺寸，并加大系统漏风量。

### 3. 防治方法

(1) 对各种形式的三通必须严格按下料展开法进行，对加工裕量要预留合理。

(2) 当三通的主风管与支风管组合缝用覆盖法咬口连接时，

其咬口余量应相同,宽度要均匀。

(3) 用插条连接时,主风管、支风管都应咬口折边,并检查对口是否正确,再进行接合缝折边。加工的插条间距要相同,插入后要打平打紧。

### (四) 法兰的通用性差

**1. 具体表现**

法兰转任意角度时与相同规格的螺栓孔不重合,法兰表面不平整,法兰圆度、对角线、内径、内边尺寸不标准。

**2. 原因与危害**

角度未调直,下料时,尺寸不准确。加工法兰时不标准,接口焊缝变形,分孔和钻孔偏差过大等。由于上述情况,使法兰通用性差,影响安装质量和进度。

**3. 防治方法**

(1) 法兰下料尺寸要准确,圆形法兰内径、矩形法兰内边尺寸偏差为 2mm,不平整度不超过 2mm。角钢切断后应调直,并除掉毛刺。

(2) 加工法兰时,要做好胎具样板,并要进行找圆和平整。

(3) 焊法兰时,应先点焊后满焊,要防止焊接变形,并保持其平整度。

(4) 法兰钻孔时,找好孔距和孔的位置分布,对于通风与空调系统螺栓孔距不超过 150mm,对洁净系统不超过 100mm。法兰钻孔后,要用样板从正、反向核对其位置,以保证它的通用性。为便于安装螺栓,螺孔直径应比螺栓直径大 1.5mm。

## (五) 法兰铆接偏心与风管连接不严密

**1. 具体表现**

铆接不严与风管不垂直。套法兰时,风管咬口裂开,系统漏风量过多。

**2. 原因与危害**

风管同轴度差,圆法兰圆度和内径偏差大,矩形法兰角不正,内边尺寸不规范。法兰内径、内边尺寸比风管外边尺寸大,铆钉间距过大,直径小、长度短与钉孔配合不紧,风管法兰翻边量小,风管翻边处开裂等。因此造成风管系统漏风及振动大,安装尺寸不标准。特别是洁净系统影响其精度和冷、热量的损失。

**3. 防治方法**

(1) 圆风管加工后应检查同轴度是否符合要求。

(2) 法兰加工后要检查同轴度、对角线和平整度。法兰内径应比风管外径(外边)大,但不应超过偏差值。

(3) 铆钉间距要符合规定。一般风管系统铆钉间距为150mm,洁净系统为100mm。铆钉与孔应为紧配合,而且铆固

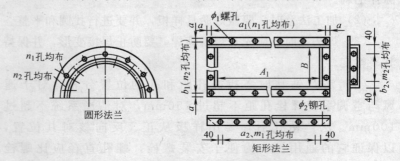

图 10-3 法兰构造图

后，在法兰与风管内壁留有一定长度。法兰构造如图 10-3 所示。

(4) 风管在法兰上的翻边尺寸为 6~9mm，如翻边过小，影响风管翻边与法兰接触面积，也影响风管系统的严密性。同时风管翻边的宽度应相同。

(5) 在风管翻边开裂处用锡焊或涂密封胶。咬口重叠地方，翻边后应铲平，四角不应出现豁口，以免漏风。

## （六）风管检查口（检视口）不密封

**1. 具体表现**

风管检查口处漏风，严重时风管系统内有响声。

**2. 原因与危害**

检查口门框（或法兰）不平整，出现变形，检查口用料不标准，未使用密封胶条，垫料弹性差。由于检查口不严密，因而减少系统送风量，增加了冷、热能源的消耗量。对于空气洁净系统更会产生严重的危害。

**3. 防治方法**

(1) 检查口用料必须符合要求。门框或法兰要平整。

(2) 检查口密封条应正确选择。法兰垫片可使用弹性好的闭孔泡沫氯丁橡胶板等。

## （七）风管穿越屋面无防雨（雪）和固定措施

**1. 具体表现**

风管与屋面穿越处漏水、渗水，同时风管还不稳固。

**2. 原因与危害**

风管穿越屋面处无防雨雪罩，对风管无固定措施，下雨雪容易漏入或渗入室内，影响工作正常进行。当室外风力较大时，风管不牢固容易损坏。

**3. 防治方法**

（1）风管穿越屋面后，要在风管与屋面交界处加设防雨罩，以确保不漏水和渗水。风管法兰处垫料应密封，防雨罩的设置如图 10-4 所示。

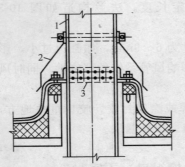

图 10-4　穿过屋面的排风管
1—金属风管；2—防雨罩；3—铆钉

（2）风管伸出屋面超过 1.5m 时，应设拉索固定。拉索不少于 3 根，拉索要固定在风管的抱箍上，抱箍应设在法兰上部。拉索另一端要固定在安全处。

### （八）风管密封垫片不符合要求

**1. 具体表现**

法兰连接处漏风，风管系统噪声过大。

**2. 原因及危害**

垫片材质不对，厚度不够，垫片窜进风管内，螺栓未拧紧等。因而使得系统内冷、热量损失增加，增大漏风量。

**3. 防治方法**

（1）法兰垫片应按输送不同介质来选定。对于普通送、排风系统（温度在 70℃ 以下）可选用橡胶板、闭孔海绵橡胶板；输送温度大于 70℃时，气体可选用石棉橡胶板，酸、碱性气体应选用耐酸、碱的橡胶板或软聚氯乙烯板；输送产生凝结水或有蒸汽、潮湿空气的系统应选用橡胶板、闭孔海绵橡胶板等；除尘系统可选用橡胶板。

（2）法兰垫片的厚度应根据设计或规范的规定，一般在 3~5mm 范围内。

（3）安装法兰垫片时，不能窜入管内。垫片打孔后对准螺栓，防止其移位。垫片装好后，拧紧螺栓，并使其受力均匀。

## （九）无法兰风管连接不严密

**1. 具体表现**

插条法兰与风管间隙太大，系统漏风量超标。

**2. 原因与危害**

插条法兰选形不合适，U 形插条连接时不准确，密封差。由于风管连接不严密，系统内漏风量加大，能耗增加，风量不足将导致室内温、湿度达不到要求。

**3. 防治方法**

（1）插条法兰要保证外形尺寸准确，成形符合标准。

（2）矩形风管大边为 120~630mm 时，风管上下两面（大边）选用 S 形连接，左右两小边选用 U 形连接；大边为 630~800mm，两小边应选用 U 形连接，大边选用立筋 S 形连接，以加强牢固性。

（3）两段风管互相连接时，先将风管两平面的 S 形或立筋 S 形插条法兰处插入插条锁紧，再将风管两个立面插入 U 形插条法兰，然后再将带舌接头弯折扣紧。

（4）用 U 形插条法兰时，风管末端要留扳边量，一边预留

10mm 并折成 180°翻边。扳边后角度要准确、平整，其尺寸与 U 形插条连接要严密。

（5）插条法兰应用密封胶、玻璃丝布胶带及铝箔胶带等进行密封，以保证漏风量不超过标准。

## （十）玻璃钢风管安装不标准、壁厚不均，并出现气泡和分层

### 1. 具体表现

风管扭曲，四角不直，法兰与风管不垂直，风管两端面不平行，圆风管圆度差，表面不平整，表面有分层和气孔。

### 2. 原因与危害

风管制作不规范，固化时间过短，法兰与风管粘贴方法不正确，树脂配方不符合要求，玻璃布处理不干净，涂胶方法有误。由于上述原因使得风管系统受力不均，外形和尺寸偏差过大，连接处不严密，降低了风管的使用寿命。

### 3. 防治方法

（1）玻璃钢风管制作要严格按制作工艺要求进行加工，固化时间必须保证，固化后要放在平整场地上，防止本体和法兰变形。

（2）玻璃钢风管及部件的内表面应平整光滑，外表面应整齐美观，边缘无毛刺，不得有气孔和分层等缺陷。

（3）法兰与风管要成为一个整体。先将法兰加工好，然后将其固定在风管木模中，使法兰与木模垂直。法兰平面的不平整度允许偏差不应大于 2mm，法兰平面与风管轴线应垂直。

（4）玻璃钢风管的壁厚应符合设计要求。

（5）玻璃钢风管及部件安装前应放置在无阳光曝晒的场所。

安装和运输过程中,不应碰撞和扭曲,严禁敲打,避免复合层破裂、脱落和界皮分层,如有轻度破损应及时加以修理。

(6) 玻璃钢风管的支、吊架应大于风管的受力接触面,避免风管产生变形。

## (十一) 调节阀、防火阀动作不灵活

### 1. 具体表现

阀片不能按需要开启和关闭。

### 2. 原因与危害

阀体上的轴孔不同心,中心线偏移,阀长与阀体相碰,调节杆长度和连接点位置不合适,执行机构动作不灵活,定位板定位不准确,易熔片老化失效,防火阀装反等,由此影响风管系统风量合理的分配以及防火阀失控会造成不必要的损失。

### 3. 防治方法

(1) 要使阀片转动灵活,阀体轴孔必须同心,偏差应在±1mm以内,要保持轴和套转动灵活。

(2) 执行机构安装后,要仔细检查,电动和手动都必须灵活,脱扣要可靠,手柄复位后应灵活回到原位。

(3) 阀片调节杆长度和连接点位置,应在90°转角时确定。

(4) 调整阀阀片长度与阀体要有适当的间隙,间距要均匀搭接,并保证严密性,同时在阀体上要有开、闭的标志。

(5) 防火阀的易熔片是一个关键部件,严禁用尼龙绳和胶片等代用。它必须是经有关部门批准的合格产品。易熔片的熔化温度为70℃,在此温度下阀门自动关闭。安装时,应按气流标志方向进行,不得装反。悬吊式防火阀垂直安装时,阀板应向旋转关闭方向倾斜5°左右。

## （十二）风口调整不灵活

**1. 具体表现**

百叶风口叶片不垂直，不平行，动作不灵活；插板风口插板过紧；算板风口孔隙小，算板活动受阻；旋转风口转动不灵活。

**2. 原因与危害**

百叶风口外框与叶片轴孔不同心，松紧不一，间隙小；活动算板风口，算板孔尺寸和间距不配套，与连接框不平行，调节螺栓开孔长度短，插板风口、插板不标准，圆风管圆度差，矩形风管表面不平整；转动风口固定与转动法兰间隙小，成椭圆状，钢球直径小，转动部位未润滑。上述原因将增大系统内噪声，回风效果差，空气流动不正常，影响使用效果。

**3. 防治方法**

（1）百叶风口要按标准加工，叶片必须灵活不松动，外框的间隙不能过小。

（2）插板风口首先要使风管圆度和平整度达到要求，滑槽上下要平行，扳边平整，不能有凹凸不平现象，要保证插板活动自如。

（3）活动算板制作时，要使孔缝的长、宽、圆弧尺寸、间距等都相同，以保证其全开全闭。调节螺栓的开孔长度要满足需要。连接框下料时要保持上、下平行和留有合适间隙。

（4）旋转风口的固定与活动法兰的圆度偏差要控制在±2mm以下，平整度应小于2mm，并有一定间隙，钢球直径选用$\phi$10mm，并固定在压板上，法兰孔径与钢球要有一定间隙。对转动部分应定时加油润滑。

## （十三）送风口和柔性短管安装不正确

**1. 具体表现**

百叶风口表面不平整，平直度差，散流器、高效过滤器风口连接不严密，排列不整齐。柔性短管出现扭曲现象。

**2. 原因与危害**

安装风口时不拉线，风口与顶棚未加密封垫和固定不牢。柔性短管选用和材质不符合要求，安装时松紧不合适等，其结果降低减振能力，增大阻力，观感效果差。

**3. 防治方法**

（1）成排风口安装时，要放线找直、找正，间距要相同，并与顶棚要齐平。风口与顶棚间的密封方法，如图 10-5 所示。

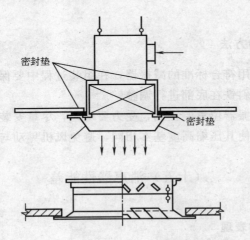

图 10-5　风口与顶棚间的密封

(2) 柔性短管选用要正确，材质应符合要求，长度为150～250mm，安装时松紧度要适宜。在风机吸入口安装要紧些。

(3) 调节环连杆与调节环、调节螺母连接后要平直，以保持调节环调节的灵活性。

(4) 散流片成形要标准，可用样板检查，组装后间隙要一致，不能歪斜和凹凸不平。

## （十四）风机减振装置受力不平衡

**1. 具体表现**

风机静止时倾斜，运转时出现晃动，减振器被压缩，高度不相同。

**2. 原因与危害**

减振器规格尺寸不标准，弹簧不垂直、不同心，安装位置重心偏移，受力不均。导致风机噪声大，运转不平稳，使用寿命降低。

**3. 防治方法**

(1) 选用符合标准的减振器，在组装过程中要保持其垂直和同心，可用斜铁在底部进行调整。

(2) 减振器位置要正确，受力要均匀，尽量安装在设备重心的范围内，使其压缩高度基本相同，避免风机晃动与倾斜。

## （十五）消声器性能差

**1. 具体表现**

消声性能改变，阻力大，并有抖动声。

## 2. 原因与危害

消声材料密度不均,覆面层不紧、脱落;消声孔有毛刺,分布不均,总面积达不到要求;胶粘剂涂刷不均,粘接不牢。消声片填料填充质量差,间距不相同等,因而造成系统噪声大,风量减少。

## 3. 防治方法

(1) 消声填料应符合设计要求,填充要均匀、密实。覆面层拉紧后,钉距密度要加大,并用尼龙绳拉紧。

(2) 消声孔要均匀分布,总面积要达到标准要求,必要时增加孔数。

(3) 胶粘剂质量要保证,涂抹前应将风管表面清理干净,涂抹时要均匀,并压实。

(4) 消声孔加工后的毛刺要清理干净,防止产生共振腔噪声。

(5) 弧形片弧度要均匀,各片间距要相同。

# 十一、通风工程施工组织与管理

## （一）通风工程施工方案的编制

### 1. 通风工程施工方案

通风工程施工方案是通风安装施工企业指挥生产和科学管理生产的技术经济文件，是指导现场施工生产的主要依据之一。

### 2. 通风工程施工方案的意义

施工方案既是施工准备工作的重要组成部分，又是指导现场准备工作，全面部署施工生产活动，控制施工进度、劳动力、机械设备、材料调备的基本依据。它有机地把施工生产活动中的人、材料、设备、方法等四个基本要素科学地组织好，使整个施工过程做到劳力、材料均衡，工序前后衔接好，有节奏地组织施工，以达到工期短、消耗低、质量高、文明施工、效益好的效果。因此搞好施工方案具有十分重要的意义。

### 3. 编制的原则

（1）以施工组织设计为基础。
（2）以设计图纸和技术说明书为依据。
（3）以相应的施工质量验收标准为准则。
（4）方案应符合施工规律，先进、经济、合理、安全可靠。
（5）施工方案是用以指导施工人员作业过程中各项施工活动的技术性文件。

**4. 编制的内容**

(1) 工程概况及施工特点：施工对象的名称、特点、难点和复杂程度；施工的条件和作业环境；需解决的技术和要点。

(2) 确定施工程序和顺序：应按经过技术经济比较或分析条件制约后确定施工方案，按照通风安装施工规律、特点和经验，合理确定施工程序，确定施工起点流向。

(3) 资源的配置和要求：应按实际情况确定劳动力配置，施工机械设备和检测器具配置，临时设施和环境条件配置；所有配置的资源，能力均应满足需要。

(4) 进度计划安排：按照已确定的施工方法，确定关键技术的要求，采取相应的技术措施，根据规定的工期和各种资源供应条件，按照施工过程的合理施工顺序及组织施工原则，用横道图或网络图，对工程从开始施工到工程全部竣工，确定其全部施工过程在时间上、空间上的安排和相互配合关系。

(5) 工程质量要求：根据工程的要求，提出质量保证措施；以相应的规范、标准作为依据，确定应达到的质量标准；确定检测控制点。

(6) 安全技术措施：通过危险源辨识，确定相应的对策，制定安全技术和措施；防止违章指挥和违章作业；必要时设立危险区域，作出标志；明确文明施工及保护环境方面的要求和措施。

## (二) 通风工程流水施工的基本原理

**1. 流水施工的优点、组织要点的基本原理**

流水施工是一种以分工为基础的协作，是成批生产建筑产品的一种优越的施工方式。它是在分工大量出现以后，在一次施工和平行施工的基础上产生的。它既克服了一次施工和平行施工方式的缺点，又具有他们两者的优点。

（1）流水施工的优点　流水施工能合理、充分地利用工作面，争取时间，加速工程的施工进度，从而有利于缩短施工工期。

（2）流水施工能保持各施工过程的连续性、均衡性，从而有助于提高施工管理水平和经济技术效益。

（3）流水施工能使各施工班组在一定时期内保持相同的施工操作和连续、均衡的施工，从而有助于提高劳动生产率。

**2. 流水施工的组织要点**

（1）划分分步分项工程　对拟建的工程对象，根据工程特点及施工要求，划分成若干个施工过程，即分解成若干个工作性质相同的分步、分项工程或工序。

（2）划分施工段　根据组织流水施工的要求，将拟建工程在平面或空间上，划分为工程量大致相同的若干个施工段或施工层。

（3）每个施工过程组织独立的施工班组　对施工过程进行合理的组织，使每个施工过程分别由固定的专业队负责施工。这样可以使每个施工班组按施工顺序，依次的、连续的、均衡的从一个施工段转移到另一个施工段进行相互操作。

（4）主要施工过程必须连续均衡的施工　对工程量较大、施工时间较长的主要施工工程，必须组织连续均衡施工；对其他次要施工工程，可考虑与相邻的施工过程合并，如不能合并，为缩短工期，可安排间断施工。

（5）不同的施工过程尽可能组织平行搭接施工　根据施工顺序，不同的施工过程，在有工作面的条件下，除必要的技术和组织间歇时间外，应尽可能组织平行搭接施工。

**3. 组织流水施工的条件**

（1）要将施工对象划分为若干个工程量大致相等的施工段，

也叫流水段。

(2) 每个施工段要由若干个工作内容相同的施工过程组成。

(3) 每个施工过程要由相对固定的专业队进行施工。各个施工队要有自己的专业施工地点,他们在不同的施工段上,从事工作内容相同的工作,主要施工过程的专业队在各个施工段上的工作要符合连续、均衡的特点。

### (三) 通风、空调工程的施工技术

**1. 风管系统的施工程序及施工技术要点**

通风与空调技术已被广泛地运用于工业、公用及民用建筑工程之中,通风与空调系统的组成部分通常有:风机和风管系统、空气处理设备、水泵和水系统、冷源和热源、控制和调节装置、消声、减振、排烟和防火等设备组成。

(1) 通风与空调系统的类别

通风系统按作用范围分为全面通风、局部通风、混合通风;按通风系统特征分为进气和排气系统;按空气流动的动力分为自然通风和机械通风。

空调系统按空气处理的要求分为一般空调系统、净化空调系统、除湿空调系统;按新风使用方式分为支流式、部分回风式、全部回风式空调系统;按负担热、湿负荷的介质分为全空气式、空气水、全水式、制冷剂式空调系统。

(2) 通风与空调工程的施工程序 (图 11-1)

在机电安装过程中,通风空调工程与土建的配合和其他专业工程如管道、电气和室内装饰装修工程等的配合是有密切关系的。充分考虑土建结构的形式对本工程的影响。首先要复核预留孔、洞的形状尺寸及位置;复核预埋支吊件的位置和尺寸以及梁柱的结构形式,及早确定支吊架的固定形式。与其他机电安装专业的协调也很重要。从一般原则上讲,风管工程优先

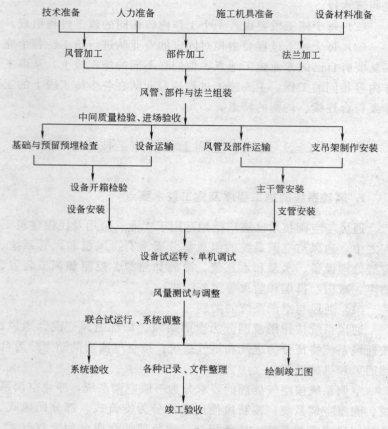

图 11-1 通风与空调工程的施工程序图

于其他专业工程，但有时由于客观原因会产生风管避让的现象。这时应尽早沟通以免造成不必要的材料浪费和返工损失。与装饰装修工程的衔接往往是最后一项工作，其工作质量直接影响观感质量和验收。施工时会出现作业面和施工程序的轮番交叉，要特别注意结合处的处理形式和对装饰装修工程的成品保护。

(3) 风管系统的制作技术要点 通风与空调工程的风管系统

主要由输送空气的管道、阀部件、支吊架及连接件等组成。

风管系统的施工主要是风管制作、风管部件制作、风管系统安装及风管系统的严密性试验等4个环节。风管系统按其系统的工作压力（$P$）划分为以下三个类别：低压系统；中压系统；高压系统。

金属风管及部件的板材厚度及材质应符合施工验收规范规定。

非金属复合部件的覆面材料必须为不燃材料，具有保温性能的风管内部绝热材料应不低于难燃级。非金属风管防火性能应符合建筑用通风及排烟防火管道通用技术条件的规定。复合板材复合面粘结应牢固，保温材料不得裸露在外，所用粘合剂应与其管材材质相匹配，且符合环保要求。材质的法兰连接件应为难燃材料。玻璃纤维复合板风管的内外面层应与玻璃纤维粘合牢固，内表面应具有防纤维脱落和自由散发能力，涂层材料及镀锌钢板及含有保护层的钢板的拼接，应采用咬接或铆接，且不得有十字形拼接缝。不锈钢板厚度小于或等于1mm时，板材拼接可采用咬接；板厚大于1mm时宜采用氩弧焊或电弧焊，不得采用气焊。铝板风管板材厚度小于或等于1.5mm时，板材拼接可采用咬接，但不应采用按扣式咬口；板厚大于1.5mm时，宜采用氩弧焊或气焊。彩色涂层钢板的涂塑面应设在风管内侧，加工时应避免损坏涂塑层，损坏部分应及时修补。

矩形风管角钢法兰四角处应设螺栓孔，同一批量加工的相同规格法兰，其螺栓孔排列应具有互换性。

风管根据其断面尺寸、长度、板材厚度以及管内工作压力等级，应采取相应的加固措施。中压和高压系统风管，其管段长度大于1250mm时，应采用加固框补强。高压系统风管的单咬口缝，还应有防止咬口缝胀裂的加固或补强措施。

（4）风管系统的安装技术要点

1）支吊架制作与安装要点　风管支、吊架的形式和规格宜按标准图集与规范选用。对于直径大于2000mm或边长大于

2500mm 的超宽、超重特殊风管支、吊架的制作与安装应按照设计规定。支吊架不允许用电气焊切割；吊杆采用搭接双侧连续焊时，搭接长度不应小于吊杆直径的 6 倍；采用螺纹连接应有防松动措施。

用膨胀螺栓固定支、吊架时，应符合膨胀螺栓使用技术条件的规定。埋设膨胀螺栓时应注意避开钢筋位置及各种线管埋设位置，不得钻断钢筋。膨胀螺栓至混凝土构件边缘的距离应不小于螺栓直径的 8 倍；膨胀螺栓组合受剪、受拉时其间距应不小于螺栓直径的 10 倍。

风口、阀门、检查门及自控机构处不宜设置支、吊架；风阀等部件及设备与非金属风管连接时，应单独设置支吊架。

不锈钢板、铝板风管与碳素钢支、吊架的接触处，应采取防腐绝缘或隔绝措施。

2）风管连接的要点　风管与风机和空气处理机等设备的连接处，应采用柔性短管或按设计规定。

输送含有易燃、易爆气体或安装在易燃、易爆环境的风管系统应有良好的接地；通过生活区或其他辅助生产房间时必须严密，并不得设置接口。输送空气温度高于 80℃ 的风管，应按设计规定采取防护措施。

风管穿过需要封闭的防火防爆楼板或墙体时，应按有关规定预埋防护套管，风管与防护套管之间应采用不燃柔性材料封堵。室外立管和穿过屋面超出 1.5m 的立管，其拉索不得固定在风管法兰上，并严禁固定在避雷针或避雷网上。风管内严禁其他管线穿越。非金属复合风管采用金属法兰、金属加固件时，其外露金属须采取防止结露的措施。风管连接处的密封材料应采用不燃或难燃性材料，并能满足系统功能，对风管的材质无不良影响，具有耐久性、良好气密性、压缩弹力和耐久性的材料。风管系统的保温材料应采用不燃或难燃材料，其材质，密度、规格与厚度应符合设计要求。保温风管的支架宜设在保温层外部，且不得损坏保温层。

(5) 风管系统严密性试验要点 风管系统安装完毕,应按系统类别进行严密性试验,漏风量应符合设计和施工质量验收规范的规定。

低压风管系统的严密性试验,在加工工艺得到保证的前提下,采用漏光法检测;中压风管系统的严密性试验,应在漏光法检测合格后,做漏风量测试的抽检;高压风管系统应全部进行漏风量测试。

(6) 防排烟系统的施工技术要点 通风空调工程的防排烟风管、送风机、排烟风机、送风口、排烟口、防火阀、空调器等与建筑物的电动防火门、防火卷帘、自动灭火系统及火灾自动报警系统等组成了一个完整的防火排烟体系。当火灾发生时,该防火分区的防排烟系统投入工作,将烟气迅速排出,并防止烟气侵入到疏散楼梯间(通道)和其他非火灾区域,减少火灾危害,保护人身和财产安全。防排烟系统的施工技术要点如下:

1) 对材料的要求:防火风管的本体、框架、连接固定材料与密封垫料,阀部件、保温材料以及柔性短管、消声器的制作材料,必须为不燃材料。风管的耐火等级应符合设计规定,其防火涂层的耐热温度应高于设计规定的耐热温度。防排烟系统或高于70℃的风管法兰应采用橡胶石棉垫或阻燃密封胶带等耐温、防火的密封材料。

2) 风管的板材厚度按高压系统的规定选用。风管穿过需要封闭的防火墙体或楼板时,应设预埋管或防护套管,其钢板厚度不小于1.6mm。风管与防护套管之间用柔性不燃材料封堵。

3) 对部件与阀件的要求:防火阀、排烟阀、排烟口必须符合消防产品标准的有关规定,并有产品合格证明文件、性能检测报告;其手动、电动操作机构应调节灵活、动作可靠、关闭严密,信号输出正确。

4) 调试要求:防排烟系统与火灾自动报警系统联合试运行及调试后,控制功能应正常,信号应正确,风量、正压必须符合设计与规范的规定。

## （四）通风工程组织施工的基本方法

### 1. 组织施工的基本要求

为了合理组织施工，以取得最好的经济效果，一般应符合如下要求，做到连续性、比例性、均衡性。

（1）连续性　是指施工生产过程中，各个工艺阶段、工序之间在时间上紧密衔接，它表现为在施工过程中，没有或很少有不必要的停顿、间隔。

（2）比例性　是指施工生产过程的各个生产阶段，各道工序的生产能力要保持一定的比例关系。也就是说，各个生产环节的工人人数、生产效率、机械数量等，都应互相协调。

（3）均衡性　是指在规定的一段时间间隔内，完成大致相等的产量或工作量，使施工生产过程中不致出现前紧后松和经常突击赶工的现象，保证均衡地完成生产任务。

### 2. 施工方法

组织施工的方法通常有三种：顺序施工法，平行施工法和流水施工法。这三种组织施工的方法各具有不同的优缺点。为了清楚说明这三种方法的特点，现以某通风管道施工为例，比较它们在施工期限和劳动力数量之间的关系（图 11-2）。把通风管道分为甲、乙、丙三段施工，各段管道形式相同，工程量相等，它们所包括的的施工项目和劳动组织如表 11-1 所示：

某工程施工项目和劳动组织　　　　表 11-1

| 施工项目 | 施工队的劳动组织 | 施工队的工作天数 |
|---|---|---|
| 风管安装 | 8人 | 四天 |
| 风管保温 | 4人 | 四天 |

（1）顺序施工法　三段管道按照先后顺序依次进入施工，后一段施工必须在前一段全部完工后才能开始，从图 11-2 上可以

看到，甲段经过8天完工后乙段开始施工，乙段8天完成后，丙段开始施工，直至完成全部通风工程。

（2）平行施工法  就是三段通风管道分别如表11-1所列的施工力量同时进行施工，同样以8天的时间完成各段管道工程。

（3）流水施工法  按各段管道施工内容划分成两个相同的施工项目（安装、保温），分别由两个固定的专业工作组依次在三段通风管道工程上执行同一内容的施工，在操作上两个专业组是按照一定的方向循序渐进。从图中可知，安装组由8人组成，最先在甲段施工，甲段完成后，依次在乙段、丙段进行同样内容的施工，直到全部完成，共用12个工作日，而由4人组成的保温组待甲段安装后，开始从甲段连续施工到丙段完成，也用了12个工作日。

从图11-2中可以看出，相同的工程量用不同的方法组织施工，将会产生不同的结果。

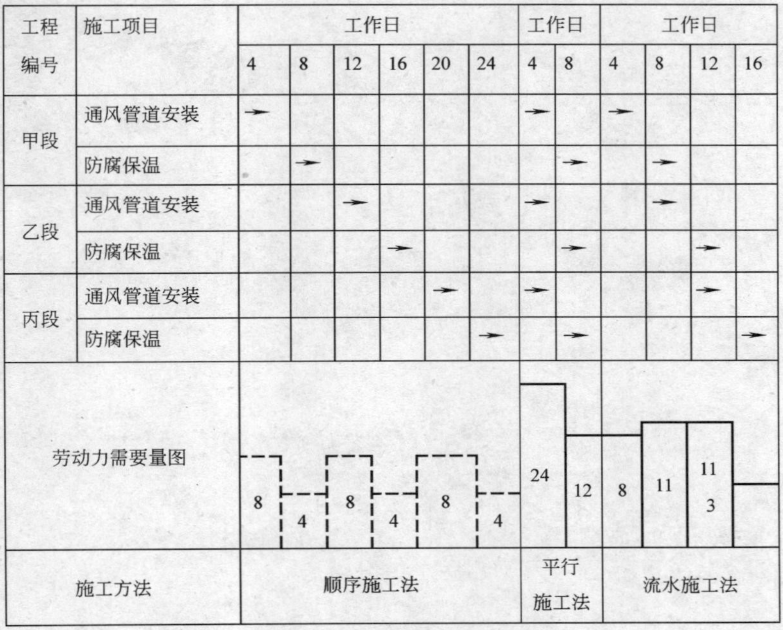

| 工程编号 | 施工项目 | 工作日 | | | | | | 工作日 | | 工作日 | | | |
|---|---|---|---|---|---|---|---|---|---|---|---|---|---|
| | | 4 | 8 | 12 | 16 | 20 | 24 | 4 | 8 | 4 | 8 | 12 | 16 |
| 甲段 | 通风管道安装 | → | | | | | | → | | → | | | |
| | 防腐保温 | | → | | | | | | → | | → | | |
| 乙段 | 通风管道安装 | | | → | | | | → | | | → | | |
| | 防腐保温 | | | | → | | | | → | | | → | |
| 丙段 | 通风管道安装 | | | | | → | | → | | | | → | |
| | 防腐保温 | | | | | | → | | → | | | | → |
| 劳动力需要量图 | | 8 | 4 | 8 | 4 | 8 | 4 | 24 | 12 | 8 | 11 | 11 3 | |
| 施工方法 | | 顺序施工法 | | | | | | 平行施工法 | | 流水施工法 | | | |

图 11-2  三种施工方法的比较

顺序施工法：使用劳动力少，但周期性起伏大，工期较长，对劳动力调配和管理以及服务性设施的投资都不利，尤其是按照专业分工，每个工种劳动力将造成严重的窝工。

平行施工法：工期最短，但所需劳动力很集中，且劳动起伏更不平衡，这对施工管理和建筑成本都有不利影响。

流水施工法：所需劳动力基本上是随着各专业工作组相继投入施工而逐渐增长，直到全面进入流水后劳动力趋于稳定，最后从第一个专业组施工结束起，直到最后一个专业工作组完工，劳动力逐渐减少。工期虽然比平行施工法略长，但保证了工程的进行和各工作组施工的连续性和均衡性，使劳动力得到合理有效的使用，克服窝工和劳力过分集中的缺点。

# 十二、通风空调定额

## （一）定额概述

**1. 定额的概念**

定额，从字意来解释，"定"就是规定，"额"就是数额。定额就是一种规定的数额，就是一种标准，就是定量和尺度，是人们根据各种不同的需要，对人和物以及资金、时间、空间、质和量上的规定。这种规定出来的定额在形式上是主观的，是遵循一定的原则，通过某种方法制定出来的。定额作为管理的重要手段，是随着生产的发展而不断发展起来的。应该说，定额是现代大生产的产物，与管理科学的产生和发展有着密切的关系。我国自建国以来，在发展社会主义经济建设中，积极吸取和借鉴外国的先进管理方法，结合我国国情，在各行各业制定了各种定额标准，建立了我国的定额管理体系。

**2. 定额的分类**

（1）按照生产要素分类　建筑产品生产活动必须同时具备三要素，即劳动者、劳动手段和劳动对象。劳动者是指生产工人，劳动手段是指生产工具和机械设备，劳动对象是指工程材料。只有它们的有机结合，才能生产出满足社会需要的各种物质资料。通风定额根据生产要素可以分为劳动消耗定额、机械台班消耗定额、材料消耗定额三种。

（2）按照定额的编制程序和用途分类　分为施工定额、预算定额、概算定额、投资估算指标、万元指标、工期定额等六种。

（3）按照主编单位和管理权限分类　分为全国统一定额、行业统一定额、地区统一定额、企业定额和补充定额五种。

（4）按照费用性质分类　分为直接费定额、间接费和其他费定额、机械台班费用和施工仪器仪表台班费用定额。

### 3. 定额的特点

（1）定额的法令性和权威性　定额是国家授权有关主管机关，依照有关方针、政策、法令、法规，组织力量制定的。定额按照规定的程序审批以文件形式颁发实行，因此最有法令性和权威性。要求在定额文件规定的范围内，有关建设单位、施工单位、设计单位等单位必须执行。在执行中，任何单位都无权擅自更改或降低标准。因此，定额还具有强制性的特点，这是定额得以贯彻的有力保证。定额权威性的客观基础是定额编制依据的真实性和科学性，反映了工程建设中生产消费的客观规律和现代科学管理的成就。

（2）定额的科学性、先进性和可行性　定额是以科学技术和实践经验的综合成果为基础，吸取现代科学管理的新方法，在认真研究社会主义市场经济和价值规律基础上，应用科学、严密的方法，通过长期的观察、测定、总结生产实践而制定。定额水平体现了全行业劳动消耗先进合理的水平，有利于调动与激发工人的积极性，促进企业管理水平的提高。同时定额结构在册、章、节的划分和内容的编排上，实现了系统化、规范化和科学化。

（3）定额的时限性和普遍适应性　定额的时限性是指定额的制定、颁发、信息传递和利用具有一定的时间范围。定额反映的是一定时期内的技术进步和科学管理的成果，定额水平必须与生产力的发展相适应。在一段时期内定额具有相对稳定性，新定额的发布实行一般要用几年或十几年的时间。随着我国建筑业改革步伐的不断发展，新技术、新结构、新成品、新的施工方法会不断涌现，定额需要不断补充完善，定额使用的周期会更短。每经过一次调整，定额的结构更趋于合理，功能水平就相应提高，在广度和深度上得到不断扩展和深化。

全国统一定额具有普遍的适应性，但是，由于我国地域广阔，地理环境、气候条件、建筑形式等有很大差异，各地的设计、施工不尽相同。因此，定额不能全部满足个别地区的特殊需要，不适用项目、缺项情况在所难免。

## （二）施 工 定 额

**1. 施工定额的概念和作用**

施工定额是在正常施工条件下，为完成单位合格产品，所消耗的日的人工、机械、材料数量标准。施工定额是施工企业直接应用于建筑安装工程施工管理的一种定额。

施工定额是企业管理的内在要求和工作基础，也是工程建设定额标准体系中的基础。施工定额对于投标报价和企业管理具有重要作用。施工定额在企业计划管理方面是编制施工组织设计与施工作业计划的依据，是科学组织、管理施工生产的有效工具，是编制施工预算和工作量清单计价的依据，是加强成本管理和经济核算的基础，是调动企业工人积极性、创造性、按劳分配的依据。

**2. 施工定额种类与组成**

施工定额是工程建设定额标准体系中的重要定额之一，直接反映本地区和施工企业生产技术水平和管理水平，具有企业定额的性质。施工定额这种企业定额的性质，明确赋予了企业对施工定额的权限。施工定额都是由劳动定额、机械台班使用定额和材料消耗定额三部分构成。因此，劳动定额、机械台班使用定额和材料消耗定额也称为三项基本定额。

（1）劳动定额 劳动定额也称为人工定额。劳动定额是一门独立的技术经济科学,是研究用最少的劳动定额,取得最大的生产效益的科学。劳动定额在施工中,往往形成一个独立的部分,这是由劳动定额在施工企业管理中特殊的作用决定的。劳动定额研究的对象既有生产力,又有生产关系;反映生产过程的技术规律,属于生产力范畴;反映生产过程中人与人之间的关系和分配制度等,属于生产关系范畴。

劳动定额就是在一定的生产、技术、组织条件下,为劳动者生产某种合格产品或完成某项工作,所预先规定的必要消耗量的标准。

1) 劳动定额的表达形式  劳动定额有两种表达形式,即时间定额和产量定额。

(A) 时间定额  时间定额也称工时定额,是指生产单位合格产品或一定工作任务的劳动时间消耗。时间定额均以"工日"为单位,每一工日按八小时计算。

定额时间构成包括:准备与结束时间、作业时间、作业宽放时间、个人生理需要与休息宽放时间,即

$$T = T_{zj} + T_z + T_{zk} + T_{jxk}$$

式中  $T$——定额时间;

$T_{zj}$——准备与结束时间;

$T_z$——作业时间;

$T_{zk}$——作业宽放时间;

$T_{jxk}$——个人生理需要与休息宽放时间。

$$时间定额 = 1/产量定额$$

综合时间定额＝各单项(或工序)时间定额总和

(B) 产量定额  产量定额也称每工产量,是指在单位时间内生产合格产品的数量或完成工作任务量的限制。

$$产量定额 = 1/时间定额$$

$$综合产量定额 = 1/综合时间定额$$

时间定额与产量定额互为倒数关系,即完成单位合格产品所

用的工作时间越少，单位时间内完成的合格产品就越多。

2）定额标准的表现形式　定额标准的表现形式主要有单式和复式两种形式。单式形式分两栏分别表示时间定额与产量定额，复式形式分子表示时间定额，分母表示产量定额。

劳动定额标准有国家标准、地区标准、生产部门标准，以及厂（矿）按照本企业实际情况制定的标准和一次性的标准。

（A）劳动定额行业标准　由建设部组织制定的"建筑安装工程劳动定额"。

（B）劳动定额地区标准　由全国各省、自治区、建设、劳动主管部门制定颁发。1988年国家决定将劳动定额工作纳入标准化管理的轨道，这是劳动定额的一项内容。多年来各地建筑行业在这方面做了大量的工作，1994年，中华人民共和国劳动和劳动安全行业标准"建筑安装工程劳动定额"的发布实行，为编制地区标准创造了有利条件，加快了地区的劳动定额向标准化过渡的进程。

（2）材料消耗定额　材料消耗定额是指在合理和节约使用材料的条件下，生产单位建筑安装产品所必须消耗的一定种类规格的工程材料、半成品等预先规定的数量标准。由于在通风安装工程中，建筑材料是构成工程实体的主要成分，用量巨大。因此，合理确定材料的消耗标准，对于促进企业降低材料消耗和施工成本，充分利用有限资源有重大意义。

材料消耗定额中各类材料的消耗，可分为材料净消耗和不可避免的消耗两类。材料的净消耗是指直接用在工程上、构成工程实体所消耗的材料量；材料不可避免的损耗包括：

1）施工材料中的材料消耗，包括操作过程中不可避免的废料和损耗。

2）施工领料时材料从工地仓库、现场堆放地点或施工现场内的加工点运至施工操作地点，不可避免的运输损耗量和装卸损耗。

3）材料在施工地点的不可避免的堆放损耗。

4) 场外运输的损耗。

材料的净用量和损耗量的确定是通过施工现场技术测定、实验室试验、现场统计和理论计算取得的。材料的损耗量与材料净用量之比为材料的损耗率。其计算公式为

$$材料损耗率 = 材料损耗量/材料净用量 \times 100\%$$

(3) 机械台班消耗定额　是指施工机械在正常的使用条件下，完成单位合格产品所消耗的机械台班数量标准。机械台班消耗定额是施工机械生产率的反映，合理的确定施工机械的消耗标准，对于合理组织机械化施工，提高机械生产率有重要作用。

机械定额时间是施工机械必须消耗的工作时间，包括有效工作时间、不可避免的无负荷工作时间和不可避免的中断时间，不包括损失时间（偶然工作时间、停工时间和违背劳动纪律损失时间）。

机械时间定额是指某种施工机械完成单位合格产品所消耗的工作时间数量标准。用"台时"或"台班"表示，每"台班"等于8"台时"，其计算公式为：

$$单位产品机械时间定额（台班）= 1/每台班机械产量$$

机械台班产量定额是指某种施工机械在合理劳动组织与合理使用机械条件下，机械在每个台班时间内，应完成的合格产品的数量标准。

$$机械台班产量定额 = 1/机械时间定额（台班）$$

机械时间定额和机械产量定额互为倒数关系。

## （三）企 业 定 额

企业定额也称企业施工定额，是施工企业根据自身的技术管理水平，在国家定额的指导下和积累的工程经济资料，采用一定的科学方法确定的，在正常施工条件下，完成单位工程或分步分项工程所消耗的人工、材料、机械台班的数量标准。企业定额用于投标报价和企业管理，增强市场竞争能力。

**企业定额的作用**

(1) 企业定额是工程招投标与推行工程量清单计价的需要  工程招投标与工程量清单计价的推行，竞争机制的引入，为企业带来了机遇和挑战。施工任务是企业生产和生存的基础，能否以企业的综合实力，优于其他企业的低价（不低于成本价）中标是获取施工任务的关键。由于建筑企业大多数没有自己的企业定额，一般根据相应的行业定额来确定工程成本。行业定额制定的标准是根据社会平均水平综合确定的，企业的投标报价自然表现为平均主义，不能反映企业的个性，无法结合企业自身技术管理水平自主报价。企业在工程投标时为了中标，让利较多，按行业定额进行成本核算时几乎无利可图，而在实际操作中又或多或少有所盈利，除了业主的投资控制不力外，工程造价不反映工程实际是主要原因。施工企业建立的内部定额能够反映企业个别成本。以企业定额作为投标报价的依据，企业可根据自身实力和市场价格水平参与竞争，有利于充分调动企业的积极性，有利于企业提高中标率并获取一定的利润。

(2) 企业定额有利于提高施工企业管理水平，增强企业的竞争能力  在发展市场经济条件下，企业面对激烈的市场竞争形势，要想求生存和发展，必须提高竞争力，企业定额是施工管理的基础，企业定额的制定，必须掌握建筑市场的现状和水平，采用成熟的技术，使采用新设备、新材料、新工艺、新方法，学习和汲取先进的技术和管理方法，不断完善和改进定额标准，以先进的企业定额科学管理生产，提高企业的竞争实力。企业定额在施工企业管理中的贯彻和广泛应用，必然为提高企业的科学管理水平，提高劳动生产率和经济效益起到重要作用。

(3) 建立企业定额有利于建筑市场的健康发展，促进工程造价管理模式的转变  建立企业定额不仅有利于工程量清单计价的推行，对于我国加入世界贸易组织后，在开放的建筑市场中，有助于适应国际通行的几家做法，与国际惯例接轨。企业自觉运用价值规律和价值杠杆，科学的指导和管理施工水平，正确反映建筑市场经济规律。以企业定额作为投标报价的依据，企业自主报价，通过市场竞争形成价格，有效改变招标单位在招标中盲目压价的做法。真正体现公开、公正、公平的原则，有利于规范业主在招标中的行为，促进建筑市场的健康发展。同时，建立企业定额和实行工程量清单计价，有利于我国工程造价管理政府职能的转变。由过去政府控制的指令性定额转变为适应市场经济规律需要的企业定额，管理模式由静态管理变为动态管理，由政府定价变为企业自主定价，由过去行政干预变为依法监管，逐步实现政府对工程造价的宏观调控职能。

### （四）预算定额

**1. 预算定额的概念、作用**

安装工程预算定额是确定完成一定计量单位的合格产品所必需消耗的人工、材料、施工机械台班合理消耗的数量和资金标准。预算定额是以分步分项工程为单位，依据国家有关方针政策，在施工定额的基础上编制的。

预算定额在工程建设中具有十分重要的作用：

（1）预算定额是编制施工图预算、工程结算和竣工决算、确定工程造价、控制投资的依据。

（2）预算定额是招投标工程计算标价的依据。

（3）预算定额是建筑施工企业管理和经济核算的重要依据。

（4）预算定额是编制概算和估算指标的依据。

（5）预算定额是设计单位择优选择设计方案、进行技术经济分析对比的依据。

**2. 通风安装工程预算定额**

（1）基本内容

1）总说明：阐述预算定额的原则、依据、作用、基础单价、编制定额内容时已考虑的因素和有关问题。

2）册说明：阐述了该册定额适用的范围、依据的标准，不包括的有关按规定系数计算的费用的规定等。

3）章说明：介绍各章定额的适用范围，包括和不包括的内容、工程量计算规则。

4）节说明：说明该节的工作内容，一般列于定额表的表头部分。

5）定额估价表：是以表格形式列出各分项工程项目完成一定工程量所需人工、材料、机械台班的消耗量及定额单价。

6）附录：主要包括：选用材料价格，施工机械台班综合比例表，保温材料量计算表等。

（2）基础价格的确定　安装工程预算定额的基础价格，由人工工日单价、材料预算价格、施工机械台班单价和施工仪器仪表台班单价构成。

1）人工工日消耗量及工日单价　预算定额中人工工日消耗量是指在正常施工条件下，生产单位合格产品所消耗的某种技术等级的人工工日数量。

2）材料消耗量与预算价格的确定

（A）材料消耗量　预算定额中的材料消耗量包括直接消耗在工作内容中的主要材料，辅助材料和零星材料等，并计入相应损耗。

（B）材料预算价格　材料预算价格由以下费用组成：

材料供应价。即材料、设备在当地的销售价格。包括出厂价、包装费及由产地或生产厂家运至本地的运杂费。

材料及保管费。即采购材料、设备和保管所发生的费用。

3）施工机械台班消耗量及台班单价的确定　在预算定额中的事故机械台班消耗量按正常合理的机械配备和大多数施工企业的机械化装备程度综合取定。施工机械台班单价是指在一个"台班"内使机械正常运转所支付和分摊的各项费用的总和。

## (五) 通风工程工程量的计算

《通风空调工程安装预算定额》是"全国统一安装工程预算定额"第九册,适用于工业与民用建筑的新建、扩建项目中的通风工程。由十四个定额章和三个附录组成,可概括为三部分。

(1) 钢板通风管道及部件制作安装。

(2) 不锈钢、铝板、塑料、玻璃钢、复合型通风管道及部件制作安装。

(3) 设备安装及部件制作安装。

**1. 通风工程工程量计算方法**

(1) 钢板通风管道制作安装

1) 定额内容 本章定额包括板厚厚度小于或等于 1.2mm 以内圆、矩形镀锌薄钢板风管咬口连接制作安装;板厚厚度等于 2.0mm 以内圆、矩形普通薄钢板风管焊接制作安装;弯头倒流片、帆布接口、风管检查孔、温度、风量测定孔制作安装等内容,并增加了柔性风管和柔性风管阀门安装项目。

2) 工作内容

(A) 风管制作包括放样,下料,卷圆,折方,咬口,制作直管、管件、法兰、吊托支架,钻孔,铆接,上法兰,组对。

(B) 风管安置包括找标高,打支架墙洞,埋设吊托支架,组装,风管就位、找平、找正、制垫、垫垫、上螺栓、紧固。

3) 工程量计算规则

(A) 风管制作安装以施工图规格不同按展开面积计算,不扣除检查孔、测定孔、送风口、吸风口等所占面积。

对于圆形风管: $F = \pi \times D \times L$

式中 $F$——圆形风管展开面积 ($m^2$);

$D$——圆形风管直径 (m);

$L$——管道中心线长度（m）。

矩形风管按周长乘以管道中心线长度进行计算。

风管长度一律以中心线长度为准（主管与支管以其中心线交点划分），包括弯头、三通、天圆地方等管件的长度，但不包括部件所占长度。直径和周长按图示尺寸为准展开，咬口重叠部分已包括在定额内，不得另行增加。

（B）风管导流片制作安装按图示叶片的面积计算。

（C）柔性软管安装按图示管道中心线长度以"m"为计量单位，柔性软管阀门安装以"个"为计量单位。

（D）软管（帆布接头）制作安装按图示尺寸以"$m^2$"为计量单位。

（E）风管测定孔制作安装按型号以"个"为计量单位。

（2）调节阀制作安装

1）工作内容

（A）调节阀制作包括放样、下料、制作短管、阀板、法兰、零件、钻孔、焊接、组合成形。

（B）调节阀安装包括号孔、钻孔、对口、校正、制垫、垫垫、上螺栓、紧固、试动。

2）工程量计算

（A）调节阀制作分不同种类、类型、规格，以"kg"为计量单位计算。

（B）调节阀安装分不同种类、类型、规格（直径、周长），以"个"为计量单位。

（3）风口制作安装

1）工作内容

（A）风口制作包括放样，下料，开孔，制作零件、外框、叶片、网框、调节板、拉杆、导风板、弯管、天圆地方、扩散管、法兰，钻孔，铆焊，组合成型。

（B）风口安装包括对口、上螺栓、制垫、垫垫、找正、找平、固定、试动、调整。

2) 工程量计算

(A) 风口制作根据设计型号、规格,按质量以"kg"为计量单位计算。

(B) 风口安装按图示规格尺寸(周长或直径)以"个"为计量单位计算。

(4) 风帽制作安装

1) 工作内容

(A) 风帽制作包括放样,下料,咬口,制作法兰、零件,钻孔,铆焊,组装。

(B) 风帽安装包括安装、找平、找正、制垫、垫垫、上螺栓、固定。

2) 工程量计算

(A) 标准部件和非标准部件,分别按标准质量或成品质量计算。

(B) 风帽筝绳制作安装按图示规格、长度以"kg"为计算单位计算。

(C) 风帽泛水制作安装按图示展开面积以"$m^2$"为计量单位计算。

(5) 罩类制作安装

1) 工作内容

(A) 罩类制作包括放样,下样,卷圆,制作罩体、来回弯、零件、法兰,钻孔,铆焊,组合成形。

(B) 罩类安装包括埋设支架、吊装、对口、找正、制垫、垫垫、上螺栓、固定配重环及钢丝绳、试动调整。

2) 工程量计算

(A) 根据设计型号、规格,按质量以"kg"为计量单位计算。

(B) 标准部件和非标准部件,分别按标准质量或成品质量计算。

(6) 消声器制作安装

1) 工作内容

(A) 消声器制作包括放样、下料、钻孔、制作内外套管、木框架、法兰、铆焊、粘贴、填充消声材料、组合。

(B) 消声器安装包括组对、安装找正、找平、制垫、垫垫、上螺栓、固定。

2) 工作量计算 消声器分规格，按所接风管的周长以"节"计算。

(7) 空调部件及设备支架制作安装

1) 工作内容 空调器金属壳体、滤水器、溢水盘、挡水板、钢板密闭门、电加热器外壳及设备支架等的制作安装。

2) 工程量计算

(A) 金属空调壳体、滤水器、溢水盘依据设计型号、规格，按标准质量计算。非标准部件按成品质量计算。

(B) 挡水板制作安装按空调器断面面积以"$m^2$"为计量单位计算。

(C) 钢板密闭门制作安装以"个"为计量单位计算。

(D) 设备支架、电加热器外壳制作安装按图示尺寸以"kg"为计量单位计算。

(8) 通风空调设备安装

1) 工作内容

(A) 开箱检查设备、附件、底座螺栓。

(B) 吊装、找平、找正、垫垫、灌浆、螺栓固定、装梯子。

2) 工作量计算 按设备类型、设计型号、规格、质量、安装方式等，以"台"为计量单位计算。

(9) 净化通风管道及部件制作安装

1) 工作内容

(A) 净化通风管道及部件的制作安装工作内容与薄钢板通风管道和部件的制作安装相同。

(B) 高、中、低效过滤器，净化工作台，风淋室的安装，内容包括开箱检查、配合钻孔、垫垫、口缝涂密缝胶、试装、正式安装。

2) 工作量计算

(A) 通风管道制作安装的计算方法同薄钢板通风管道。

(B) 高、中、低效过滤器，净化工作台安装以"台"为计量单位，风淋室安装按不同质量以"台"为计量单位计算。

(C) 洁净室安装按质量计算，执行"分段组装式空调器"安装定额。

(10) 不锈钢通风管道及部件制作安装

1) 工作内容　不锈钢通风管道及部件的制作安装工作内容与薄钢板通风管道和部件的制作安装相同。

2) 工作量计算　同薄钢板通风管道和部件的制作安装。

(11) 铝板通风管道及部件制作安装

1) 工作内容　同薄钢板通风管道和部件制作安装。

2) 工作量计算　同薄钢板通风管道和部件制作安装。

(12) 塑料通风管道及部件制作安装

1) 工作内容　同薄钢板通风管道和部件的制作安装。

2) 工作量计算　同薄钢板通风管道和部件的制作安装。

(13) 玻璃钢通风管道及部件制作安装

1) 工作内容　同薄钢板通风管道和部件的制作安装。

2) 工作量计算　同薄钢板通风管道和部件的制作安装。

(14) 复合型风管制作安装

1) 工作内容

(A) 风管制作包括放样、切割、开槽、成形、粘合、制作管件、钻孔、组合。

(B) 风管安装包括就位、制垫、垫垫、连接、找正、找平、固定。

2) 工程量计算　按风管展开面积计算。

# 十三、工程造价

## （一）工程合同的种类及基本内容

### 1. 按照工程建设阶段分类

通风工程大体分为设计、施工两个阶段，围绕这两个阶段订立相应的合同。

（1）通风工程设计合同，是指根据建设工程的要求，对建设工程所需的技术、经济、资源、环保等条件进行综合分析、论证，编制建设工程设计文件的合同。建设工程设计合同即发包人与设计人就完成商定的工程设计任务明确双方权利义务的协议。

（2）通风工程施工合同，是指根据建设工程设计文件的要求，对建设工程进行新建、扩建、改建的合同。

### 2. 按照承包工程计价方式分类

（1）总价合同  总价合同一般要求投标人按照招标文件要求报一个总价，在这个价格下完成合同规定的全部项目。总价合同还可以分为固定总价合同和调价总价合同等。

（2）单价合同  这种合同指根据发包人提供的资料，双方在合同中确定每一单项工程单价，结算则按实际完成工程量除以每项工程单价计算。

单价合同还可以分为：估价工程量单价合同、纯单价合同、单价与包干混合式合同等。

（3）成本加酬金合同  这种合同是指成本费按承包人的实际

支出由发包人支付,发包人同时另外向承包人支付一定数额或百分比的管理费和商定的利润。

**3. 按照合同对象不同来分类**

(1) 劳务合同 通风劳务分包要求劳务分包单位具有劳务分包等级、有成建制劳务分包队伍、有类似工作业绩。

(2) 材料、设备采购合同。

## (二) 工程成本控制和造价管理

**1. 施工成本控制的依据**

施工成本控制要以工程承包合同和实际成本两方面为依据,努力挖掘增收节支潜力,以求获得最大的经济效益。

**2. 施工成本计划**

施工成本计划是根据施工项目的具体情况制定的施工成本控制方案,既包括预定的具体成本控制目标,又包括实现控制目标的措施和规划,是施工成本控制的指导文件。

**3. 进度报告**

进度报告提供了每一时刻工程实际完成量,工程施工成本实际支付情况等重要信息。施工成本控制工作正是通过实际情况与施工成本计划相比较,找出二者之间的差别,分析偏差产生的原因,从而采取措施改进以后的工作。此外,进度报告还有助于管理者及时发现工程实施中存在的隐患,并在事态还未造成重大损失之前采取有效措施,尽量避免损失。

**4. 工程变更**

在项目的实施过程中,由于各方面的原因,工程变更是很难避免的。工程变更一般包括设计变更、进度计划变更、施工条件变更、技术规范与标准变更、施工次序变更、工程数量变更等。一旦出现变更,工程量、工期、成本都必将发生变化,从而使得施工成本控制工作变得更加复杂和困难。因此,施工成本管理人员就应当通过对变更要求当中各类数据的计算、分析,随时掌握变更情况,包括已发生工程量、将要发生工程量、工期是否拖延、支付情况等重要信息,判断变更以及变更可能带来的索赔额度等。

除了上述几种施工成本控制工作的主要依据以外,有关施工组织设计、分包合同文本等也都是施工成本控制的依据。

在确定了项目施工成本计划之后,必须定期地进行施工成本计划值与实际值的比较,当实际值偏离计划值时分析产生偏差的原因,采取适当的纠偏措施,确保施工成本控制目标的实现。其步骤如下。

(1) 比较:按照某种确定的方式将施工成本计划值与实际值逐项进行比较,以发现施工成本是否已超支。

(2) 分析:在比较的基础上,对比较的结果进行分析,以确定偏差的严重性及偏差产生的原因。这一步是施工成本控制工作的核心,其主要目的在于找出产生偏差的原因,从而采取有针对性的措施,减少或避免相同原因的再次发生或减少由此造成的损失。

(3) 预测:根据项目实施情况估算整个项目完成时的施工成本。预测的目的在于为决策提供支持。

(4) 纠偏:当工程项目的实际施工成本出现了偏差,应当根据工程的具体情况、偏差分析和预测的结果,采取适当的措施,以期达到使施工成本偏差尽可能小的目的。纠偏是施工成本控制中最具实质性的一步。只有通过纠偏,才能最终达到有效控制施工成本的目的。

(5) 检查:它是指对工程的进展进行跟踪和检查,及时了解工程进展状况以及纠偏措施的执行情况和效果,为今后的工作积累经验。

**5. 施工成本控制的方法**

施工成本控制的方法很多,这里着重介绍偏差分析法。

(1) 偏差的概念 在施工成本控制中,各种综合性经济指标的数据、资产、负债、所有者权益、营业收入、成本、利润等会计六要素,主要是通过会计来核算。至于其他指标,会计核算的记录中也有所反映,但反映的广度和深度有很大的局限性。由于会计记录具有连续性、系统性、综合性等特点,所以它是施工成本分析的重要依据。

(2) 业务核算 业务核算是各业务部门根据业务工作的需要而建立的核算制度,它包括原始记录和计算登记表,如单位工程及分部分项工程进度登记,质量登记,工效、定额计算登记,物资消耗定额记录,测试记录等等。业务核算的范围比会计、统计核算要广,会计和统计核算一般是对已经发生的经济活动进行核算,而业务核算,不但可以对已经发生的,而且还可以对尚未发生或正在发生的经济活动进行核算,看是否可以做,是否有经济效果。它的特点是,对个别的经济业务进行单项核算。只是记载单一的事项,最多是略有整理或稍加归类,不求提供综合性、总括性指标。核算范围不太固定,方法也很灵活,不像会计核算和统计核算那样有一套特定的系统的方法。例如各种技术措施、新工艺等项目,可以核算已经完成的项目是否达到原定的目的,取得预期的效果,也可以对准备采取措施的项目进行核算和审查,看是否有效果,值不值得采纳,随时都可以进行。业务核算的目的,在于迅速取得资料,对经济活动及时采取措施进行调整。

(3) 统计核算 统计核算是利用会计核算资料和业务核算资料,把企业生产经营活动客观现状的大量数据,按统计方法加以系统整理,表明其规律性。它的计量尺度比会计宽,可以用货币计算,也可以用实物或劳动量计量。它通过全面调查和抽样调查等特有的方法,不仅能提供绝对数指标,还能提供相对数和平均数指标，可以计算当前的实际水平，确定变动速度，可以预测发展的趋势。统计除了主要研究大量的经济现象以外，也很重视个别先进事例与典型事例的研究。有时，为了使研究的对象更有典型性和代表性，还把一些偶然性的因素或次要的枝节问题予以剔除；为了对主要问题进行深入分析，不一定要求对企业的全部经济活动作出完整、全面、时序的反映。

**6. 施工成本分析的方法**

（1）成本分析的基本方法 施工成本分析的方法包括：比较法、因素分析法、差额计算法、比率法等基本方法。

1）比较法 比较法，又称"指标对比分析法"，就是通过技术经济指标的对比，检查目标的完成情况，产生差异的原因，进而挖掘内部潜力的方法。这种方法，具有通俗易懂、简单易行、便于掌握的特点，因而得到了广泛的应用，但在应用时必须注意各技术经济指标的可比性。比较法的应用，通常有下列形式。

（A）将实际指标与目标指标对比。以此检查目标完成情况，分析影响目标完成的积极因素和消极因素，以便及时采取措施，保证成本目标的实现。在进行实际指标与目标指标对比时，还应注意目标本身有无问题。如果目标本身出现问题，则应调整目标，重新正确评价实际工作的成绩。

（B）本期实际指标与上期实际指标对比。通过这种对比，可以看出各项技术经济指标的变动情况，反映施工管理水平的提高程度。

（C）与本行业平均水平、先进水平对比。通过这种对比，可以反映本项目的技术管理和经济管理与行业的平均水平和先进水平的差距，进而采取措施赶超先进水平。

2）因素分析法 因素分析法又称连环置换法。这种方法可用来分析各种因素对成本的影响程度。在进行分析时，首先要假定众多因素中的一个因素发生了变化，而其他因素则不变，然后逐个替换，分别比较其计算结果，以确定各个因素的变化对成本的影响程度。因素分析法的计算步骤如下：

（A）确定分析对象，并计算出实际数与目标数的差异；

（B）确定该指标是由哪几个因素组成的，并按其相互关系进行排序；

（C）以目标数为基础，将各因素的目标数相乘，作为分析替代的基数；

（D）将各个因素的实际数按照上面的排列顺序进行替换计算，并将替换后的实际数保留下来；

（E）将每次替换计算所得的结果，与前一次的计算结果相比较，两者的差异即为该因素对成本的影响程度；

（F）各个因素的影响程度之和，应与分析对象的总差异相等。

3）差额计算法　差额计算法是因素分析法的一种简化形式，它利用各个因素的目标值与实际值的差额来计算其对成本的影响程度。

4）比率法　比率法是指用两个以上的指标的比例进行分析的方法。它的基本特点是：先把对比分析的数值变成相对数，再观察其相互之间的关系。常用的比率法有以下几种。

（A）相关比率法　由于项目经济活动的各个方面是相互联系，相互依存，又相互影响的，因而可以将两个性质不同而又相关的指标加以对比，求出比率，并以此来考察经营成果的好坏。例如：产值和工资是两个不同的概念，但它们的关系又是投入与产出的关系。在一般情况下，都希望以最少的工资支出完成最大的产值。因此，用产值工资率指标来考核人工费的支出水平，就很能说明问题。

（B）构成比率法　又称比重分析法或结构对比分析法。通过构成比率，可以考察成本总量的构成情况及各种成本项目占成本总量的比重，同时也可以看出量、本、利的比率关系（即预算成本、实际成本和降低成本的比例关系），从而为寻求降低成本的途径指明方向。

(C) 动态比率法 动态比率法,就是将同类指标不同时期的数值进行对比,求出比率,以分析该项指标的发展方向和发展速度。动态比率的计算,通常采用基期指数和环比指数两种方法。

(2) 综合成本的分析方法 所谓综合成本,是指涉及多种生产要素,并受多种因素影响的成本费用,如分部分项工程成本,月(季)度成本、年度成本等。由于这些成本都是随着项目施工的进展而逐步形成的,与生产经营有着密切的关系。

因此,做好上述成本的分析工作,无疑将促进项目的生产经营管理,提高项目的经济效益。

# 十四、安全生产知识

随着建筑业的发展，科学技术的进步，通风工程的制作与安装愈来愈多的利用了机械和设备。在带来高质量、高速度生产的同时，也由于建筑施工条件差，环境多变，不安全因素多，再加上对机械设备的操作规程了解不深和临时用电知识的缺乏，通风工在进行风管及配件制作及管道与设备安装时，使得安全事故的发生主要表现为机械伤害，电伤害和安装搬运过程中的砸伤。因此，这些方面安全知识的学习和掌握是通风工进行安全生产的基础。

## （一）脚手架的搭拆知识

在通风空调工程中，风管常常采用架空敷设，在支吊架及风管安装过程中，需要搭设简单的架子，因而通风工应当具备脚手架的搭拆的基本知识。

### 1. 脚手架的作用和分类

脚手架是为建筑安装施工创造条件的常用临时设施，建筑安装工人在脚手架上施工操作，堆放原材料或半成品，有时还要利用脚手架进行垂直运输或短距离水平运输。

脚手架的种类很多。按用途分有砌筑脚手架、装修脚手架和支撑（负荷）脚手架等；按搭设位置分有外脚手架和里脚手架；按使用材料分有金属脚手架、木脚手架和竹脚手架；按构造形式分有多立杆式、框组式、调式、碗扣式、桥式以及其他工具脚手架。最常用的是钢管多功能组合式脚手架，可适用于不同作业的要求。

　　垂直运输设施和脚手架必须统筹考虑。常用的垂直运输设备有：塔式起重机、施工电梯（附壁式升降机）、井字架、门字架和其他提升机。

　　通风工程中常用木制或钢制的高凳，在凳上铺脚手板来安装风管或一定高度的风机等设备。

**2. 搭设脚手架的规定**

　　(1) 搭设脚手架的基本要求

　　牢固——有足够的坚固性与稳定性，保证在使用荷载及各种气候条件下不损坏、不变形、不倾斜、不摇晃。

　　适用——有适当的面积满足工人操作和材料堆放。

　　方便——构造简单，搭拆方便。

　　经济——因地制宜，节约用料。

　　脚手架搭设要求横平竖直，连接牢固，底脚坚实，支撑挺直，扶手牢靠。严格控制使用荷载，一般传统搭法的多立杆式脚手架，其使用均布荷载不得超过 $270kgf/m^2$（约 $2650N/m^2$），对于桥式和吊式、挂式等脚手架荷载则应适当降低。

　　(2) 钢管脚手架的搭设　在通风空调安装工程中，如采用木制或钢制高凳不能满足要求时，则应搭设钢管脚手架。

　　搭设钢管脚手架应使用外径 $\phi48$ 或 $\phi50$，壁厚 3～3.5mm 的无缝钢管。杆件的连接宜用可锻铸铁制造的扣件。常用的扣件种类有直角、对接和回转式三种。螺栓用 Q235 钢制成，所有的扣件必须与脚手架钢管外径规格一致，有材质证明书。发现有脆断、变形、滑丝、裂缝的严禁使用。各种杆件、扣件和螺栓，在每次使用前均需清除泥浆、污物、浮锈，并做好防锈蚀处理。

　　(3) 脚手架搭设的工艺流程　脚手架搭设的工艺流程是：场地平整、夯实→检查设备材料配件→定位设置垫块→立杆→小横杆（横楞）→大横杆（撑杠）→剪刀撑→连墙杆→扎毛竹纵杆→铺垫脚手板→扎防护栏杆及踢脚板、安全网。

### 3. 脚手架的拆除

拆除脚手架前，应将脚手架上的存留材料，杂物等清除干净。拆除脚手架时还需设警戒区，派专人负责警戒。

拆除脚手架应自上而下，按后装先拆，先装后拆的顺序进行。一般顺序为：栏杆→脚手板→剪刀撑→纵杆→大横杆→小横杆→主杆。

拆下的杆件与零件，严禁从高空往下投掷。杆配件运至地面后，应随时整理、检查，按品种分规格堆放整齐，妥善保管。拆除脚手架过程中，要加强对建筑成品的保护，防止损坏门窗玻璃及内外墙饰面。

## （二）起重吊装知识

在通风空调安装工程中，虽然大型风机、空调设备由起重工负责吊装，但是，在地面上组装的风管管段和一般通风空调设备的水平移动和垂直起落，则应由通风工负责，因此，通风工也应当掌握一些有关起重方面的基本知识。

### 1. 起重吊装的基本方法

起重吊装工作要因时因地制宜，利用一切有利条件，选择适当的方法和必要的设备，使起重工作做得巧妙、省力、安全。常用的起重吊装方法很多，有撬重、点移、滑动、滚动、卷拉、抬重、顶重和吊重等基本方法。在实际工作中，常常是几种方法的综合运用。

（1）撬重　撬重是根据杠杆的作用原理，利用撬棍和支点把重物撬起来的方法。撬重方法能使重物垂直向上抬起，但升高距离不大，可用于将通风机等重物稍微抬高，以便在机座下面加垫铁等。

采用撬重方法时，只许在重物的一端或一侧起撬，撬起高度不能影响重物的稳定性，防止倾倒。要注意安全，不要把手、脚伸到重物底下。

（2）点移　点移与撬重相似，是用撬棍将重物撬起，在水平位置上逐步移动的方法，可以使重物前进，也可以使重物向左或向右移动。点移方法每次移动距离较小，但经过连续的点移，即可达到移动重物的目的，这种方法常用于设备的找正和就位。

（3）滑动　滑动是在斜面或水平面上使重物作横向或纵向移动的方法。由于滑动时摩擦力较大，所以一般只用于较短距离内的重物移动。在斜面上往下滑动重物时，为防止下滑失控，应在重物后面系上牵引绳。

（4）滚动　滚动是在水平面或斜面上移动重物时，在重物下面放置滚杠，以减少摩擦阻力的方法。由于滚动比滑动的摩擦阻力小，因而省力，且借助滚杠调整重物移动方向比较容易。常用的滚杠是钢管，牵引可使用卷扬机、绞车、倒链等。采用这种方法，可以远距离搬运较重的物体。

（5）卷拉　卷拉是将绳索缠绕在长条重物上，绳索的一端固定，拉动绳索的另一端，使重物本身在绳索内滚动，从而实现重物的上升或下放的一种方法。操作时，应该用两根绳子卷绕在长条重物的两端同时进行卷拉。这种方法对于圆柱形重物尤为适宜，如在地沟内的圆形风管、钢管、铸铁管等的敷设。

（6）顶重　顶重是用千斤顶把重物就地顶高的方法。当起高距离不大时，采用此法安全而且简便。顶重常用的工具为千斤顶。

（7）抬重　抬重是指用人力把相对较轻的重物抬起来移动其位置的方法。根据重物的情况，可以是两人抬或多人抬。多人抬运时，步调要一致，同起同落，防止发生事故。

（8）吊重　吊重是指用起重工具或机械把重物提升到预定高度的方法。吊重方法应用广泛，提升高度大，升降速度快，在起吊后可使重物在一定范围内作水平移动。

吊重方法所用的机具设备的种类及形式很多，通风空调施工中的吊装一般不会很重,要充分利用建筑物的梁柱节点、预埋吊钩将滑轮或倒链固定牢靠再起吊。较重设备或难度较大的吊装应由起重工操作。

**2. 起重吊装的安全要求**

起重吊装属于特种作业,工作过程中的不确定因素较多,要把安全施工放在第一位。要做到以下几点:

(1) 要有严格的纪律和高度的事故警惕性。

(2) 统一指挥,统一行动,统一步调。

(3) 做好起重吊装前的准备工作。如对现场的调查了解,制定好方案,组织好劳力,准备好吊装机具,进行技术安全交底等。

(4) 作业开始前,必须对起重机具的各个环节进行检查,如被吊设备的捆绑是否牢固,重心是否找准,以及附近是否有障碍物。

(5) 在起吊过程时,应设警戒线和明显的警戒标志,严禁非工作人员进入。

## (三) 安全用电知识

(1) 触电　人体属于导体,人体一旦接触电源,就会有电流通过人体,严重者会造成各种生理机能的失常或破坏,如烧伤、昏迷,甚至死亡。这个过程叫作触电。

触电的方式可分为三种:1) 单相触电。这是最常见的触电方式,即人站在地面或其他接地体上触及一相带电体而造成触电。2) 两相触电。这种触电是指人体有两处分别触及两相带电体。这时加于人体的电压比较高,通常是380V,极其危险。3) 跨步电压触电。当高压电网接地点或防雷接地点有电流流入地下时,电流在接地点周围地面产生电压降,接地点的电位很高。当人走在接地点附近时,因前后两脚踩在不同的电位上,使人承受跨步电压，步子越大则跨步电压越大，越危险。当误入高压电网接地点或防雷接地点附近，感觉两脚发麻时，说明存在跨步电压，此时千万不要大步走，而应用独脚跳出跨步电压区，一般在10m以外就没有危险了。

(2) 施工现场照明　照明灯具和器材必须绝缘良好，并应符合现行国家有关标准的规定。

照明线路布线应整齐，相对固定。室内照明灯具的悬挂高度不得低于2.5m，室外安装的照明灯具不得低于3m。在露天工作场所的照明灯具应选用防水型灯头。照明电源线路不得接触潮湿地面，并不得接近热源和直接绑挂在金属构架上。在脚手架上安装临时照明时，在竹木脚手架上应加绝缘子，在金属脚手架上应设木横担和绝缘子。

现场办公室、宿舍、工作棚内的照明线，除橡套软电缆和塑料护套线外，均应固定在绝缘子上，并应分开敷设；穿过墙壁时应套绝缘管。

照明开关应控制相线。当采用螺口灯头时，相线应接在中心触头上。

使用行灯应符合下列要求：电压不得超过36V；在金属容器和金属管道内使用的行灯，其电压不得超过12V。行灯应有保护罩。行灯的手柄应绝缘良好且耐热、防潮。行灯的电源线应采用橡套软电缆。

照明灯具与易燃物之间，应保持足够的安全距离，普通灯具不宜小于300mm；聚光灯、碘钨灯等高热灯具不宜小于500mm，且不得直接照射易燃物。当间距不够时，应采取隔热措施。

(3) 安全电压　所谓安全电压是指人体不戴任何防护用品时，接触带电体而没有危险的电压。12V，24V，36V是安全电压的三个等级。建筑工地常用36V级安全电压。安全电压不是绝对安全，而是因人因地而异，人在潮湿环境中或金属容器内触及36V电压有时也不安全，这时要采用12V的安全电压。

(4) 触电的预防

1) 经常对电气设备进行安全检查。

2) 用电设备的保护地线或保护零线应并联接地,并严禁串联接地或接零。

3) 手持电动工具的手提把和电源导线要经常检查,保持绝缘良好,操作时要戴绝缘手套。还应按产品说明书要求,正确掌握电压、功率和使用时间,发现有漏电、电动机发热超过规定、转速突然变慢或有异声等现象时应立即停止使用。

4) 机械用完后要立即切断电源。机械的电气部分发生故障时,必须由电工检修。

5) 电动机具应装在室内或搭设的工棚内,防止雨雪的侵袭,并制定电动机具的安全操作规程。

6) 严格执行国家和地方颁发的规范、规程。对工人加强安全用电知识教育。

(5) 防雷知识 雷击的时候产生的电流很大,同时由于电磁的、机械的和静电的作用,可能会造成人员伤亡,建筑物破坏,电气设备的火灾。为了防止雷击,雷雨时不要在空旷的地方行走或逗留,不要站在大树或高墙旁避雨,不要走近电杆、铁塔、架空电线以及避雷器、避雷针的接地导线周围10m以内。

(6) 触电的急救 遇到触电事故,必须迅速急救。现场救护人员不要用手直接去拉触电人,要设法迅速切断电源。

对于低压触电事故,如果触电地点附近有电源开关或电源插销,可立即拉开开关或拔出插销,断开电源。当电线搭落在触电者身上或被压在身下时,可用干燥的手套、绳索、木棒等绝缘物作为工具,拉开触电者或挑开电线,使触电者脱离电源。如果触电者的衣服是干燥的,又没有紧缠在身上,可以用一只手抓住他的衣服,拉离电源。但因触电者的身体是带电的,其鞋的绝缘也可能遭到破坏,所以救护人员不得接触触电者的皮肤,也不能抓他的鞋。

对于触电者要采取及时正确的救治方法。如果触电者伤势不重、神志清醒，或者在触电过程中曾一度昏迷，但已清醒过来，应使触电者安静休息，并请医生前来诊治或送往医院检查。如果触电者伤势较重，已失去知觉，但心脏还在跳动，呼吸还存在，应使触电者平卧在空气流通处，解开其上衣以利呼吸，如天气寒冷，要注意保温，并速请医生诊治或送往医院。如果触电者伤势严重，呼吸停止或心脏跳动停止，应立即施行人工呼吸和胸外心脏挤压，并速请医生诊治或送往医院。

## （四）通风工安全常识

**1. 制作过程**

（1）使用剪板机时，手严禁伸入机械压板空隙中。上刀架不准放置工具等物品，调整板料时，脚不能放在踏板上。使用固定振动剪两手要扶稳钢板，手离刀口不得小于5cm，用力均匀适当。

（2）咬口时，手指距滚轮护壳不小于5cm，手柄不得放在咬口机轨道上，扶稳板料。

（3）折方时应互相配合并与折方机保持距离，以免被翻转的钢板和配重击伤。

（4）操作卷圆机、压缝机，手不得直接推送工件。

（5）操作前检查所有工具，特别是使用木、钣金、大锤之前，应检查锤柄是否牢靠。打大锤时，严禁带手套，并注意四周人员和锤头起落范围有无障碍物。

（6）电动机具应布置安装在室内或搭设的工棚内，防止雨雪的侵袭，使用剪板机床时，应检查机件是否灵活可靠，严禁用手摸刀片及压脚底面。如两人配合下料时更要互相协调；在取得一致的情况下，才能按下开关。

（7）使用型材切割机时，要先检查防护罩是否可靠，锯片运转是否正常。切割时，型材要量准、固定后再将锯片下压切割，用力要均匀，适度。使用钻床时，不准带手套操作。

（8）风管搬运，需根据管段的体积、重量，组织适当的劳动力。加工现场条件允许也可以用平板车运输。多人搬运风管用力要一致，轻拿轻放，堆放整齐。

（9）玻璃钢风管制作场地比较潮湿，照明电线及动力电缆必须架空敷设或采取其他防潮措施。现场用电需专业电工接线，其他人员不得私自接线。

（10）风管应在门窗齐全的密闭干净的环境中制作，在加工过程中应经常打扫，保持环境干净。

（11）使用四氯化碳等有毒溶剂对铝板除油时，应注意在露天进行；若在室内，应开启门窗或采用机械通风。

（12）玻璃钢风管、玻璃纤维风管制作过程均会产生粉尘或纤维飞扬，现场制作人员必须带口罩操作。

（13）作业地点必须配备灭火器或其他灭火器材。

（14）严格按项目施工组织设计用水、用电，避免超计划和浪费现象的发生，现场管线布置要合理，不得随意乱接乱用，设专人对现场的用水、用电进行管理。

（15）当天施工结束后的剩余材料及工具应及时入库，不许随意放置。

（16）使用电动工机具时，应按照机具的使用说明进行操作，防止因操作不当造成人员或机具的损害。

（17）熔锡时，锡液不许着水，防止飞溅，盐酸要妥善保管。

（18）使用剪板机剪切时，工件要压实。剪切窄小钢板，要用工具卡牢。调换校正刀具时，必须停机。

（19）乙炔表、氧气表前必须有安全减压表，且乙炔气管上必须装设合格的阻火器，方可使用。

（20）各类油漆和其他易燃、有毒材料，应存放在专用库房内，不得与其他材料混淆，挥发性材料应装入密闭容器内，妥善保管，并采取相应的消防措施。

（21）使用煤油、汽油、松香水、丙酮等对人体有害的材料时,应配备相应的防护用品。

(22) 对产生噪声的施工机械应采取有效的控制措施,减轻噪声扰民。

**2. 安装过程**

(1) 施工前要认真检查施工机械,特别是电动工具应运转正常,保护接零安全可靠。

(2) 高空作业必须系好安全带,上下传递物品不得抛投,小件工具要放在随身戴的工具包内,不得任意放置,防止坠落伤人或丢失。

(3) 吊装风管时,严禁人员站在被吊装风管下方,风管上严禁站人。

(4) 风管正式起吊前应先进行试吊,试吊距离一般离地200~300mm,仔细检查倒链或滑轮受力点和捆绑风管的绳索、绳扣是否牢固,风管的重心是否正确、无倾斜,确认无误后方可继续起吊。

(5) 作业地点要配备必要的安全防护装置和消防器材。

(6) 作业地点必须配备灭火器或其他灭火器材。

(7) 风管安装流动性较大,对电源线路不得随意乱接乱用。

(8) 搬动和安装大型通风空调设备,应有起重工配合进行,并设专人指挥,统一行动,所用工具、绳索必须符合安全要求。

(9) 整装设备在起吊和下落时,要缓慢行动。并注意周围环境,不要破坏其他建筑物、设备和砸压伤手脚。

(10) 分段装配式空调机组拼装时,要注意防止板缝夹伤手指。紧固螺栓用力要适度。安装盖板时作业人员要相互配合,防止物件坠落伤人。

**3. 使用小型电动工具时,应注意以下安全事项**

(1) 电源电压必须符合工具铭牌上的额定电压,外壳要可靠接地。

(2) 不允许在超过规定厚度和硬度的板材上使用,要详细阅读使用说明书。

(3) 使用前应先空转 1min,检查转动是否灵活,声音是否正常,并在油孔及滑动部位注入润滑油数滴。

(4) 工作时不能堵塞机壳上的通风孔,平时也应经常清理,防止堵塞和铁屑等杂物进入工具内部。

(5) 正常使用的情况下,每半年应清洗机头一次,更换润滑脂。一年要对轴承等部位全部清洗并加入新润滑脂。

(6) 经常检查电线、插头是否良好。更换刀具,保养调整时要将插头从电源插座上拔掉。

(7) 发现火花太大应及时找电工修理,调换新碳刷后应空转数分钟。

(8) 刀具不锋利应及时更换或修磨,修磨时要保持刀具的原有角度。

(9) 使用时应轻拿轻放,避免受冲击。不用时应放在干燥、清洁和没有腐蚀性气体的地方。

(10) 工具外壳如系工程塑料制成,使用和保管都应避免长期曝晒,不可与油类或其他溶剂相接触。

(11) 不熟悉工具构造的人,禁止随意拆卸。

### 4. 使用电焊机注意事项

(1) 电焊机应放在通风良好、干燥的地方,不应靠近高温区,放置要平衡,放在露天场地时,应防止雨、雪、尘埃的侵入。硅整流焊机要特别注意通风和冷却。

(2) 启动焊机时,焊钳和焊件不能接触,以防短路。焊接过程中如偶尔有短路现象,不允许时间过长。

(3) 调节电流应在空载情况下进行。

(4) 接线柱处,电焊软线应接触良好,不许松动。电焊机外壳接地良好,确保安全。

### 5. 使用钻床钻孔时注意事项

（1）先要在工件的钻孔位置打好中心眼。

（2）台钻上的传动皮带必须安装防护罩。

（3）禁止戴手套上钻床操作，长头发应戴工作帽。

（4）上钻头时，须用钻帽附带的专用工具，不可在装夹时用手锤、扁铁等敲打。

（5）钻床在工作过程中，不准用手触摸旋转中的刀具和钻帽，更不准用手去清除钻屑。

（6）在尺寸较小的工件上钻孔，应先用合适的夹具卡紧，不可用手撑着。

（7）测量加工尺寸、更换刀具，装夹或拆卸工件、改变转速、进行润滑和清洁等都应停车进行。

（8）操作时应控制手柄压力，不可用力过猛，不得在手柄上加套管接长力臂。

（9）经常擦拭、润滑，保证钻床工作性能良好。

### 6. 气焊工作注意事项

（1）施焊场地周围应清除易燃易爆物品，或进行覆盖、隔离。

（2）乙炔发生器必须设有防止回火的安全装置、保险链，球式浮筒必须有防爆球，薄膜浮筒的装设厚度为1～1.5mm、直径不少于浮筒断面积的60%～70%。

（3）氧气表、氧气瓶及焊割工具上，严禁沾染油脂。

（4）乙炔发生器的零件和管路接头，不得采用紫铜制作。

（5）乙炔发生器不得放置在电线的正下方，与氧气瓶不得同放一处，距易燃、易爆物和明火的距离，不得少于10m。检验漏气，要用肥皂水，严禁用明火。

（6）氧气瓶应有防振胶圈，拧紧安全帽，避免碰撞和剧烈振动，并防止曝晒，冻结应用热水加热，不准用火烤。

（7）乙炔气管用后需清除管内积水。胶管防止回火的安全装置冻结时，应用热水或蒸汽解冻，严禁用火烘烤。

（8）点火时，焊枪口不准对人，正在燃烧的焊枪不得放在工件或地面上。带有乙炔氧气时，不准放在金属容器内，以防气体逸出，发生燃烧事故。

（9）工作完毕应将氧气瓶气阀关好，拧上安全罩。乙炔浮筒提出时，头部应避开浮筒上升方向，拔出后要卧倒放，禁止扣放在地上。检查操作场地，确认无着火危险后，方准离开。